★ ★ ★ ★ ★ 女孩全书 ★ ★ ★ ★ ★

[英] 特蕾西·特纳 著
王怡康 译

女孩强大全书

NÜHAI
QIANGDA QUANSHU

GUANGXI NORMAL UNIVERSITY PRESS
广西师范大学出版社
·桂林·

出版统筹：施东毅
品牌总监：耿　磊
选题策划：陈显英
责任编辑：李茂军
助理编辑：刘丹亭　王芝楠
美术编辑：卜翠红
营销编辑：杜文心　钟小文
版权联络：郭晓晨
责任技编：李春林
THE GIRLS' BOOK 3: EVEN MORE WAYS TO BE THE BEST AT EVERYTHING
By TRACEY TURNER

著作权合同登记号桂图登字：20-2016-223 号

图书在版编目（CIP）数据

女孩强大全书 / （英）特蕾西•特纳著；王怡康译. —2 版. —桂林：广西师范大学出版社，2017.10（2018.11 重印）
（女孩全书）
书名原文: THE GIRLS' BOOK 3: Even More Ways to be the Best at Everything
ISBN 978-7-5598-0235-4

Ⅰ. ①女… Ⅱ. ①特…②王… Ⅲ. ①女性－生活－知识－少儿读物 Ⅳ. ①Z228.4

中国版本图书馆 CIP 数据核字（2017）第 216264 号

广西师范大学出版社出版发行
（广西桂林市五里店路 9 号　邮政编码：541004
网址：http://www.bbtpress.com）
出版人：张艺兵
全国新华书店经销
保定市中画美凯印刷有限公司印刷
（河北省保定市西三环 1566 号　邮政编码：071000）
开本：880 mm × 1 240 mm　1/32
印张：4.125　　字数：87 千字
2017 年 10 月第 2 版　　2018 年 11 月第 3 次印刷
定价：25.00 元

读者须知

本书的出版商和作者对于因参照本书中提供的信息而可能引起的事故或伤害不负任何责任。

要做到尽善尽美，你需要始终运用自己的常识，尤其当涉及高温或尖锐的物体时，要遵循负责任的成年人提供的安全预防措施和建议。必须佩戴恰当的安全装备，在当地法律和法规的允许下行事。还有，要多为他人考虑。

CONTENTS

目　录

如何抛掷煎饼

通过制作并成功地将煎饼翻转过来，来为你令人惊叹的厨艺锦上添花吧。这里介绍的是如何抛掷煎饼。当然，前提是你有出色的抛掷技能。

你需要用到以下物品：

- 125 克纯面粉、300 毫升牛奶、一枚鸡蛋、橄榄油。
- 一些美味的糕点上的装饰配料。

你需要做的事情

1 将面粉和牛奶添加到搅拌钵中。

2 将鸡蛋打碎，将蛋壳内的东西倒进搅拌钵中。将所有成分混合在一起，直到混合物（这个可以称为“糊状物”）变得平滑，没有黏稠的块状物。

3 将约一茶勺的橄榄油倾倒进煎锅里并加热。在做这项工作时，请一位成年人来帮助你完成吧，因为必须等油变得很热才可以。将煎锅倾斜并用画圆的方式转动煎锅，这样就可以将一层薄薄的油散开，并覆盖住煎锅的底部。将火候调至中火即可。

4 在煎锅中添加两中匙的糊状物，然后将煎锅倾斜，让物覆盖住煎锅底部。

5 烹饪约一分钟后，查看锅内的状况，确保糊状物背面也被煮熟了，再将煎锅从燃气灶上抬起并摇晃一番。如果煎饼从煎锅底部脱离，就到了抛掷煎饼的时候啦。

6 将煎锅从燃气灶上拿开，将煎锅倾斜，放置在远离自己的地方，煎锅内的煎饼开始滑动啦（你可能需要使用双手才能握住煎锅的手柄）。

7 现在，迅速地将煎锅拉回你所站立的地方，与此同时，将煎锅向上方举起。你的煎饼就可以向上抛掷并翻转啦。观察煎饼的移动并做好准备，将煎锅上下移动，这样煎饼就可以平稳地落回煎锅里了。在空中旋转的煎饼是不能平稳地落在煎锅里的。如果你足够幸运的话，煎饼会以 180 度的角度翻转过来噢，准备好将火候调至原来的温度，再翻转到煎饼背面进行烹饪。如果你没那么幸运的话，煎饼就会掉落在地板上或粘贴在天花板上啦。

熟能生巧。搅拌的混合物可以制作一打左右的煎饼呢，因此，你应该在进行第二次配料之前，设法将第一只煎饼烹饪好。当你成功地烹饪出第一只煎饼时，给你自己一轮热烈的掌声吧。

尽情享用你制作的煎饼吧

制作煎饼的最佳妙处就是将它们吃掉。下面介绍了一些可以添加到你制作的煎饼上的装饰配料。

- 甜馅料：一打压榨柠檬汁和少量的糖、枫糖浆和冰淇淋、巧克力酱、水果泥（覆盆子的风味尤佳）。
- 开胃馅料：酱汁炒鲜蘑、韭菜或番茄、烘豆、磨碎的乳酪。

如何测算出小狗的“人类年龄”

一只小狗可以成为女孩子最好的朋友，但你的犬类朋友比你成长得更快一些。下面介绍了一些用人类术语计算小狗年龄的方法。

据一种著名的测算方法测算，1 年的狗龄等同于 7 年的人类年龄。1 岁的小狗除外，因为处于这个年龄段的小狗更像是一个青少年，而且几乎已经完全发育成熟了——而不像 7 岁的人类。

据一种更为精准的测算方法测算，对于很多犬种来说，它们的平均寿命是 12 年，但要以人类年龄的 15 岁等同于狗龄的 1 岁，在 15 岁人类年龄的基础上再加上 10 年，等同于狗龄的 2 岁。在此基础上，依次叠加 5 年，等同于小狗以后每年的年龄。

小狗的年龄	人类的年龄
1	15
2	25
3	30
4	35
5	40
6	45
7	50

GOOD

强大建议：对于狗龄不同的犬种，你需要稍稍调整一下这个测算公式。狗龄较长的小狗（诸如玩具贵宾犬或迷你腊肠狗），使用“15,10,3”的测算公式，如果是狗龄较短的小狗（诸如爱尔兰猎狼犬和大丹狗），使用“15,10,7”的测算公式比较合适。

如何自己制作圣诞拉炮

每个人都喜欢在圣诞节来临时玩拉炮，然后再抱怨这个毫无新意的小把戏。圣诞拉炮制作起来十分简单，而这个游戏最佳的妙处在于你可以选择放进拉炮里面的东西。下面介绍如何制作一个圣诞拉炮。

你需要用到以下物品：

- 包装纸、几把剪刀、两卷卫生纸卷筒。
- 拉炮上使用的弹簧搭扣（你可以从大多数工艺品小店里买到）、胶水或胶带、缎带、放置在拉炮中的物品。

你需要做的事情

1 用包装纸剪裁出一个长方形——这个长方形的长度等同于卫生纸卷筒长度的 2.5 倍，并且它的宽度要能够达到绕卷筒一周的 1.5 倍。将剪裁成长方形的包装纸放置在平面上，有图案的那一面朝下摆放。

2 将其中一个卫生纸卷筒剪裁成两半。如图所示，将两半卷筒分别放置在另一卷完整的卷筒两侧，并沿着包装纸较长的一边的边缘，在两半卷筒和完整的卷筒之间各留下约 5 厘米的间隙。将拉炮上使用的弹簧搭扣放置在它们旁边的包装纸上。

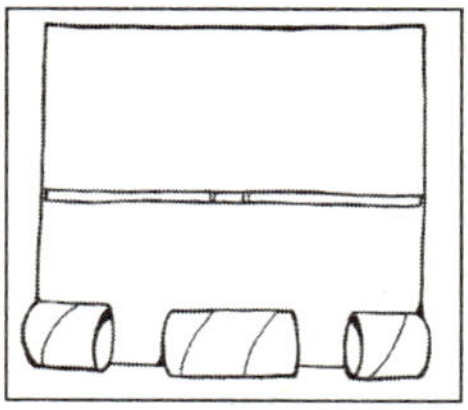

3 将包装纸沿着卷筒卷起来，并用胶水或胶带将衔接处紧密地粘贴住。

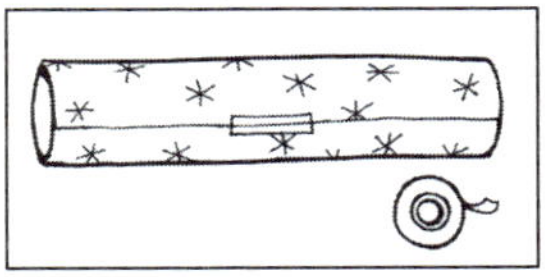

4 小心翼翼地将两半卷筒之间的包装纸勒紧，再用缎带将勒紧处系起来。

5 将你准备的物品从拉炮敞开的那一端放进去。确保你放进去的物品不要太重。

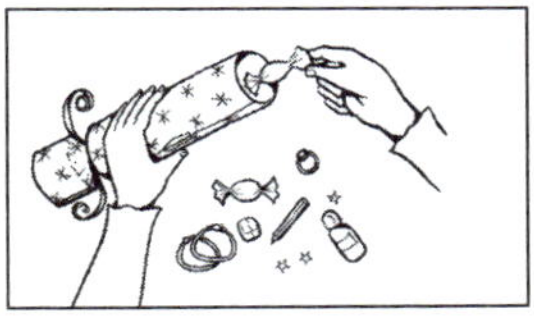

拉炮中的物品

- 一张纸，上面写上一个糟糕的笑话（看看纸张背面吧）。
- 一顶纸皇冠。
- 小型钢笔、铅笔或橡皮擦。
- 试用装大小的袋状洗发精、芳香泡沫剂或润肤膏——那种可以直接从杂志上剪裁下来并且完全免费的。
- 发带或发夹。
- 包装好的糖果（如果你在里面放了巧克力，记住不要将制作好的拉炮放置在任何温暖的地方）。
- 一只气球。
- （装饰用的）小发光物或（节日、游行、婚礼中抛撒的）五彩纸屑（当你拉拽拉炮时，为你自己制造一场闪闪发光的淋浴吧）。

6 小心翼翼地捏住位于卷筒另一端和一半卷筒之间的包装纸，以确保你制作的拉炮（要阻止别人偷看噢）里的物品不会掉落。用多余的缎带将它系起来。

一些糟糕透顶的笑话

下面列举了一些让你避之不及的、老生常谈的笑话。

圣诞老人养的哪匹驯鹿能够跳得比房屋还高呢？
这些驯鹿都能做到这一点啊——毕竟房屋不会跳嘛。

如果你吃下了圣诞装饰物会发生什么呢？
你的身体会变得闪闪发光。

猴子最喜欢的圣诞歌曲是什么呢？
《铃儿响叮当》。

雪人如何旅行呢？
沿着冰柱旅行呗。

圣诞老人最喜爱的比萨饼是什么呢？
深度烹饪、酥脆、馅料调制均匀的比萨饼。

火鸡的哪一面有最多的羽毛？
外面呗。

如何玩“名字”游戏

用“名字”游戏来打发雨天下午或午休时光再有趣不过啦——这很快就会让你和你的朋友们爆发出“咯咯”的笑声。

如何玩“名字”游戏

1 每个人必须想出一位名人或一个电视节目、电影或书中人物的名字，并将名字写在便利贴上。

2 转身面对坐在你右边的玩家，将你的便利贴粘贴在他们的前额上（确保他们看不到便利贴上写的名字）。

3 首先从房间里最年轻的玩家开始。她必须猜出粘贴在她前额上的名字。她只可以问答案“是”或“否”的问题。比如，“我是一个男人么”或者“我是一位肥皂剧明星么”如果她收到这些问题的答案都是“否”，那么她的机会就没有啦，轮到下一位玩家猜测粘贴在她前额上的便利贴上的名字啦。

4 第一个猜出便利贴上名字的人就是赢家。持续玩这个游戏，直到每位玩家都猜出了便利贴上的名字。

GOOD

强大建议： 如果你和你的朋友们在猜测名字时遇到了困难，就将选择范围缩小吧，将名字仅仅局限在电影明星、肥皂剧明星或电视人物中。

如何制作水母形状的意大利面

制作简单、卖相诱人，这些水母形状的意大利面很快就会成为你最喜爱的晚餐啦。

（制作两人份的意大利面）你需要用到以下物品：

- 两根大号法兰克福香肠、干意大利面。

你需要做的事情

1 将每根法兰克福香肠都切成三等份大小相同的香肠片。

2 将 24 根意大利面切成一半——这样你就有 48 根意大利面了。将 8 根意大利面塞进每片法兰克福香肠中——不要将香肠穿透噢。

3 将一只炖锅里的水加热，直到它在锅中沸腾冒泡，接着将你制作的水母形状的意大利面放进炖锅里，煮上 7 分钟。

4 用漏勺将每一份水母形状的意大利面从炖锅中捞出来，将它们放置在盘子里。直接享用或添加一些调味汁享用这些美味的意大利面吧。

如何让你的大脑不听从身体的指挥

有很多种方式可以让你的大脑不听从身体的指挥。下面介绍了两种简单的方法，你可以找一位朋友尝试一番噢。

说何时停止

让你的朋友将她裸露在外的左臂向外伸直，手肘内侧朝向上方。告诉她你要用手指在她手臂的皮肤上轻轻挪动，当你的手指抵达她手肘内侧的凹陷处时，她必须尖叫出声。

让她闭上眼睛并集中注意力。你开始用手指在她手腕上方的手臂内侧轻轻挪动。沿着她的手臂向上挪动至手臂内侧的凹陷处，直到她喊停。很可能出现的情况是她发现很难精确地喊出“停止”这个词。

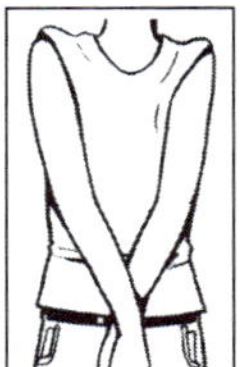

混淆动作

让你的朋友伸出她的双臂，并将双臂交叉，让她的手掌合并压在一起。

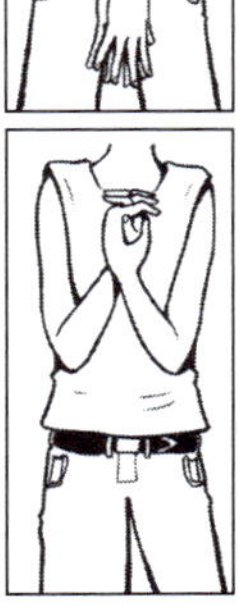

告诉她将手指交错，接着将双手朝下，这样她就可以将双手置于胸口附近的位置上。

让她移动右手的中指。你可以用手示意，但不可以触碰到她的手指。她很可能会发现要做到这个动作十分困难，因为她的大脑已经被手指摆放的奇怪姿势迷惑了。

如何隐藏你的机密文件

每个女孩至少存有一份或两份机密文件。下面介绍了一种简单的方法，可以将你的机密文件放置在一个安全的地方，防止他人的偷窥。

你需要用到以下物品：

- 一只带有螺旋盖的大玻璃罐。
- 一只卫生纸卷筒。
- 一把剪刀。
- 纽扣、玻璃珠或糖果。

你需要做的事情

1 将卫生纸卷筒放置在玻璃罐旁，在卷筒上标记出罐子的高度。

2 将卷筒沿着你做出标记 2 厘米的位置横向剪裁。

3 将卷筒放进玻璃罐中。卷筒的顶端应该正好位于玻璃罐顶端的下方，这样你就可以将盖子拧紧了。

4 用纽扣、玻璃珠或糖果将卷筒周围的空隙填满，直到卷筒淹没在其中看不到为止。

5 将你的机密文件塞进卷筒里，拧紧盖子，将你的秘密安全地封存起来吧。

如何制作出令人惊叹的牛奶什锦早餐

你可以自己动手制作既美味又营养的牛奶什锦早餐，这再简单不过啦。试试下面列出的配方，然后再根据你自己的口味调制配料成分吧。

你需要用到以下物品：

- 400 克燕麦片、50 克小麦麸、50 克燕麦麸。
- 150 克你最喜爱的干果，诸如葡萄干、蔓越莓干、杏脯或无核小葡萄干。
- 50 克烤杏仁片、25 克碎核桃、25 克葵花子、25 克椰蓉。

你需要做的事情

1 将所有配料成分都放进一只大碗里，将它们混合在一起。

2 用勺子舀出一碗的分量，你可以搭配着牛奶，或牛奶和酸奶混合在一起食用。

3 将你制作的什锦早餐放进一只密封的容器里，它应该可以维持更长的保质期。

GOOD

强大建议：想要品尝特殊风味，试着在你制作的什锦早餐上添加少许肉桂或一勺蜂蜜吧。当你拿出来品尝时，你也可以添加一只切碎的香蕉或另一种时鲜水果噢。

如何表演海姆利克氏急救法

也许某一天，当你在学校或一家餐厅中享用午餐时，发现有人被食物呛到了。这时，你可以使用一种有效的急救方法来拯救他们的性命，这种方法称为“海姆利克氏急救法”。

迅速行动起来

被呛住的受害者的气管中通常塞住了一个小物体，比如说一块食物。他们不能正常地说话或呼吸，因此，你需要迅速行动起来。

1 让他们身体前倾，试着将堵塞的物体咳嗽出来。如果这个方法不起作用，从背后接近受害者，用你的手臂环绕住他们身体的中间部位。

2 一只手握成拳头，将握成拳头的大拇指一侧放在受害者的肚脐上方和胸腔下方的位置上。

3 用另一只手抓住你的拳头，将它在受害者的腹部按压。

4 动作要突然、迅速、向上移动。不要用你的双臂去按压——只要使用来自你双手的力量就可以啦。这个动作可以将堵塞的物体从气管中压出来。如果这个动作不起作用，那就继续实施下去，直到起作用为止。

提醒：此种方法只可以用在一位被呛住的成年人身上，而且只能在紧急情况下使用。如果实施不当的话，你本应该救助的人有可能会受伤。

如何分辨出哪个方向是北方

当你外出走动时，如果你能够分辨出北方的方向，就会给你的家人或朋友们留下深刻的印象。

北半球和南半球都派得上用场噢

你会需要用到一块手表（带有指针的手表，而不是电子类手表）。此外，你还需要能够看到太阳的位置，但这并不意味着必须是晴天才可以（千万不要直视太阳，哪怕在乌云密布的阴天也不可以这样做，因为直视太阳会对你的眼睛造成极大的损伤）。

将手表在手掌中摊平，并转动手表直至时钟指针指向了太阳所在的方向。

在北半球，太阳在正午时指向正南方。你可以通过时针指针（即指向太阳所在位置的小指针）和表面上 12 点之间形成的角度计算出南北线。

在这个示例图中，现在是 3 点，因此南北线运行在表面上 1 点和 2 点之间的中央位置上。这告诉你，在北半球，正南方位于 1 点和 2 点之间的中央位置上，因此，正北方就位于 7 点和 8 点之间的中央位置上。

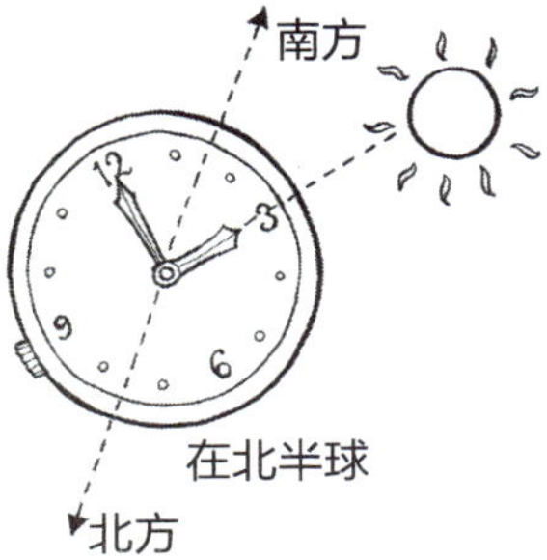

在北半球

在南半球，太阳在正午时指向正北方，因此，在以上示例图中，正北方就位于 1 点和 2 点之间的中央位置上。

一根绳子

如果你根本就没有手表，那你可以在地面上放置一根小棍子，通过测量它在一天中不同时刻投射的阴影找到北方所在方向。

你需要用到以下物品：

- 一根又长又直的棍子、两块中等大小的鹅卵石。
- 一处水平地面、一根绳子、一根小嫩枝。

1 将棍子放置在地面上，在早晨，在棍子投射的阴影处顶端放置一块鹅卵石。

2 在棍子周围画一条呈半圆形的线（为了做到这一点，将一条绳子系在棍子上，将一根小嫩枝系在棍子的另一端并在地面上做个标记）。这条线与棍子之间的距离应该等同于鹅卵石与棍子之间的距离。

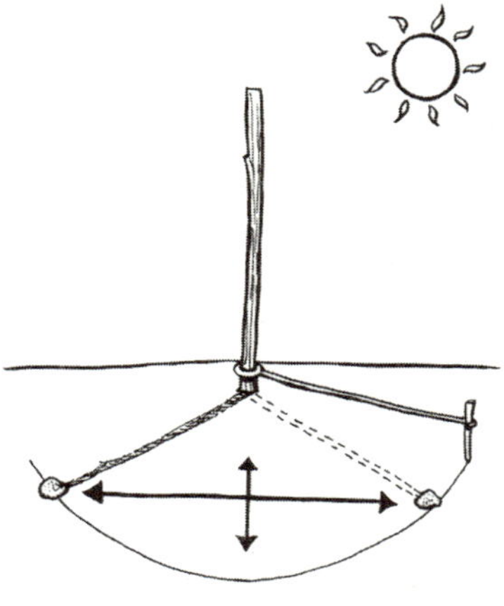

3 随着时间推移，接近正午 12 时，棍子的阴影会变得越来越短。随着下午时间的推移，棍子的阴影会

变得越来越长。等到棍子的阴影再次触碰到半圆形的线的边缘，用第二块鹅卵石标记出顶端的位置。

4 当太阳在天空中从东向西移动时，棍子的阴影会以相反的方向移动，即从西向东。位于你早晨放置的鹅卵石和夜晚放置的鹅卵石之间的那条线标记着东西方向的线，因此，如果你在正确的角度再画一条线，你就会辨认出北方和南方啦。

如何在打赌中取胜

下面介绍了几种打赌方式，几乎可以确保你逢赌必赢。

挑战甜甜圈

这是一个美味的挑战。买一些甜甜圈吧，跟你的朋友们打赌他们不可能在不舔唇的情况下吃完一个甜甜圈。这几乎是不可能的，因此你应该可以将你买甜甜圈的钱赢回来啦。

你必须成为吃奶油薄脆饼干的小能手

向你的朋友挑战一番吧，告诉他们能够在 60 秒内、在不喝一口水的情况下吃掉 3 块奶油薄脆饼干（这些饼干没有水分，通常与奶酪一起食用）。很少有人能做到这一点，但有人曾在 15 秒钟之内完成了这项任务——因此，你的某位朋友也许会让你大吃一惊噢。

如何自己制作肥皂

装饰性的肥皂可以作为可爱的礼物赠予他人。自己制作肥皂十分简单，也更有意义。下面介绍一种自己制作肥皂的方法，你可以自己设计肥皂的颜色、气味和形状。

你需要用到以下物品：

- 一块天然甘油皂、一只奶酪刨丝器、一只可以放进微波炉中使用的水壶、任意颜色的食用色素。
- 一只勺子。
- 任意味道的香精油、制作肥皂的模具（你可以在手工艺小店里买到它或者使用冰块盘也可以——这些冰块盘有各式各样的形状，可以制作出有趣的肥皂冰块噢）。

你需要做的事情

1 用奶酪刨丝器将甘油皂磨成小肥皂片（在做这个工作时，找一位成年人帮助你完成吧，毕竟，你不想磨破你的手指吧）。将小肥皂片放进水壶中。让一位成年人帮助你把水壶放进微波炉中，将温度调至最高温，烘烤约一分钟。

2 戴上烤箱隔热手套，将水壶从微波炉中取出。在融化的肥皂水中滴几滴食用色素并加以搅拌，直至肥皂水呈现出漂亮的颜色为止。

3 添加几滴香精油。试试薰衣草和茶树混合精油、天竺葵和橘子混合精油、橘子和柠檬混合精油、天竺葵和佛手柑混合精油吧。

4 再次对你的肥皂混合物加以搅拌，再将它倾倒进模具中。它会在约一小时的时间内凝固，这时你就可以将它从模具中移除出来啦。

GOOD

强大建议：试着制作多种颜色混合在一起的肥皂吧。挑选一种颜色倾倒进你的模具之中，先将颜料晾干，再添加另一层颜料，接着再在上面添加另一种颜料。另一种方法是，在你制作的肥皂混合物凝固之前，你可以在其中添加一些（装饰用的）小发光物。

如何用象形文字写出你的名字

几千年前，古埃及人就已经开始使用象形文字。一些象形文字代表了整个单词，而另外一些则代表了音节或音群。埃及抄写员花费了数年的时间来学习如何用象形文字书写。你并没有那么长的时间来学习象形文字，因此，这里介绍了埃及象形文字的简化版，字母表中的每一个单词都有一个符号与之相对应。

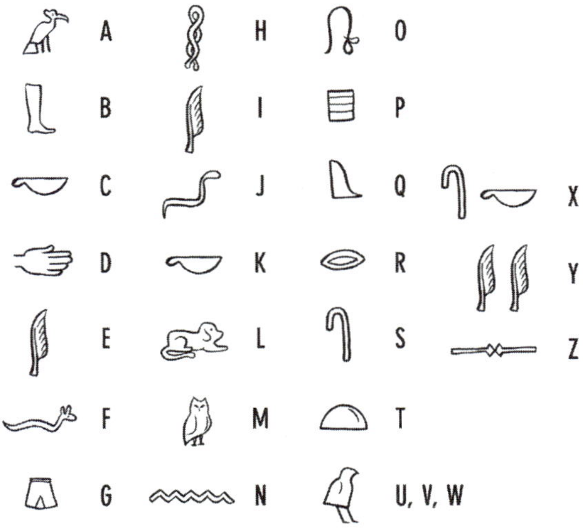

用示例图中的符号在下面的框架中拼写出你的名字吧。

如何玩“随着音乐穿衣服”游戏

“随着音乐穿衣服”游戏与“随着音乐抢椅子”游戏十分相似，但有一点除外，那就是当这个游戏结束时，实际上，你的外观会看起来十分滑稽噢。

你所需要的是尽可能发现多种不同大小和种类的衣服，并用袋子装起来。越与流行趋势背道而驰的衣服越好。外套、帽子、耳罩、套衫、T 恤衫、胸罩、裤子、裙子、短裤和鞋子——让你的每位朋友都携带一些衣服过来。

你需要一名志愿者来控制音乐，其余的玩家围成一个圆圈坐下。

当音乐响起时，将那包衣服沿着圆圈传递。当音乐停止时，手里拿着包裹的人必须闭上她的双眼，在包裹中摸索一番，从里面拿出一件衣服并穿在身上。

音乐再次响起，游戏继续进行，直至包裹中的所有衣服被用光为止。

这时，控制音乐的朋友必须选出游戏的赢家——就是那个穿着显得最滑稽可笑的人！

如何避免被河马咬到

如果你认为河马是一种可爱有趣、姿态从容、在泥浆中打滚的动物，那你就需要三思啦——它们可能会具有极强的侵略性噢。如果河马认为有人侵占了它们的领土，它们就会发动攻击。它们体形巨大、重达四吨，还拥有尖锐的长牙。据说，河马曾经将鳄鱼咬成过两半呢。

记住河马的这些特征吧，你可能会想要远离河马的栖息地。但为了以防万一，下面介绍了几个小窍门。

应急策略

- 尽你最大的可能远离河马。尤其要注意避开两种类型的河马——保护幼崽的母河马以及在干旱时期缺乏食物供给、饥肠辘辘的河马。
- 如果一匹河马张大了它的血盆大口，它极有可能不是在打哈欠，更不可能是因为太无聊了。它是在向你展示它有巨大的牙齿，随时都可能发动攻击。确保你一定要留心这个富有攻击性的警示。
- 通过缓慢向后退的动作向河马展示你并不足以对它构成任何威胁。如果河马看到你独自从它的领地中退却，它可能就不会在中途驱赶你，并在你身上大口咬下去了。
- 试着移动并确定你站在河马的下风处，这样风就不会将你的气味直接传递到河马的鼻孔中，也不会将危险的讯息传递到河马的大脑之中了。

- 千万不要阻塞河马下水的通道。这个动作一定会让河马狂性大发，这一点绝对要避免。
- 逃跑并不会给你带来多大的益处，因为河马可以轻而易举地超过你。万不得已的情况下，以你最快的速度跑到最近的一棵树旁——爬上树，大声呼救吧。

如何玩“跳房子”游戏

几个世纪以来，女孩子们（当然，不是同一群女孩子）一直在玩“跳房子”游戏。如果有两位到四位玩家参与其中，这个游戏会变得更加简单有趣。此外，完成所有跳房子的动作还可以帮助你维持身体健康。

玩“跳房子”游戏最常见的使用布局是正方形；另一种布局是，先画一个正方形代表 1，接着再画第二个正方形代表 2，依次类推，画到数字 10 时，用一个半圆封顶，如下图所示。你可以在任何可以画出这个布局的地方玩跳房子的游戏。另外，如果你住的房屋附近有铺路石，改变你的布局格式来适应它们吧。

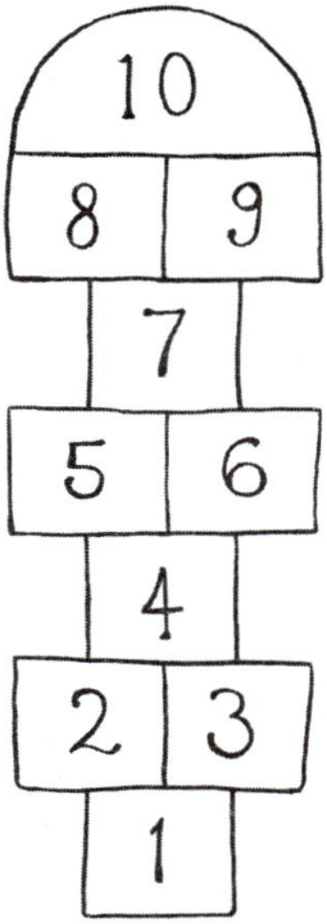

你需要用到以下物品：

- 一支粉笔、一块鹅卵石或石块。
- 可以在上面玩耍的坚硬的地面。

如何玩“跳房子”游戏

1 画出“房子”的布局图案，无论是用粉笔在地面上画，或是用一根棍子在尘土上标记出来都可以。

2 给所有的正方形标记 1 到 9 的数字，在最顶端标记出数字 10。

3 首先，将鹅卵石扔到方块 1 中。确保鹅卵石完整地落在正方形内——如果鹅卵石触碰到正方形的边界线，你的这轮游戏就结束啦。

4 跳过放着你扔的鹅卵石的方块 1，将你的左脚落在方块 2 内，右脚落在方块 3 内，继续这个游戏。另一种方法是，沿着方块蹦蹦跳跳，直到你抵达标记数字 10 的半圆内。

接着，转过身来（用一只脚维持身体的平衡），沿原路返回你放置鹅卵石的方块内。在你跳回方块 1 完成游戏任务时，在方块 2 和方块 3 内停下来，将鹅卵石捡起来即可。

5 如果你的脚触碰到了方块的边界线，失去了平衡，或忽略一个方块，你的这轮游戏就结束啦。当再次轮到你玩游戏时，你必须从方块 1 重新开始。

6 当你每次成功地完成一轮游戏任务时，按顺序将你的鹅卵石扔进下一个方块内。因此，你的下一轮游戏应该从方块 2 开始，单脚跳跃穿过方块 1、方块 3 和方块 4。

GOOD **强大建议：** 找一块奇形怪状、表面粗糙不会滚动的石头，练习精准的投掷技巧吧。

如何制作一顿美味的床上早餐

如果你想给你的妈妈或爸爸一顿特别的菜肴——也许是为了母亲节或父亲节准备的，一顿床上早餐绝对能令他们心神愉悦。

你需要用到以下物品：

- 一只托盘、一块漂亮的茶巾、餐具、一块餐巾。
- 牛奶什锦早餐、牛奶、不同种类的水果、纯酸奶。
- 一只玻璃杯、果汁、烤面包、黄油、果酱或蜂蜜。
- 茶或咖啡、一朵花。

你需要做的事情

1 将你的早餐托盘尽可能地摆设精美，在托盘中贴放一块漂亮的茶巾（这也会降低托盘内物品滑落的概率）。使用你得到允许可以触碰的最精致的陶器、餐具、餐巾和玻璃杯吧。

2 添加一碗牛奶什锦早餐，在旁边放上一小壶牛奶。你可以试着参照“如何制作出令人惊叹的牛奶什锦早餐”一节来自己动手制作。如果你的妈妈或爸爸对牛奶什锦早餐不感兴趣，那就用一份水果沙拉来代替吧。将你所能找到的下列所有水果切碎放到碗中——一根香蕉、一个苹果、一个橘子和一些覆盆子、草莓或蓝莓。在切碎的水果顶端添加一块原味酸奶即可。

3 在一只玻璃杯中倒满果汁，再将玻璃杯放入托盘中。

4 烘烤一片或两片面包，将面包沿着斜角切成两半。将切成三角形的烤面包放进一只盘子里，旁边再放上一小块黄油和一罐果酱或蜂蜜。

5 不要忘记泡一杯早餐茶、花草茶或咖啡噢（确保牛奶壶中有足够多的牛奶供你的父母添加到他们的热饮中去）。

6 最后再添加一朵花作为美妙的装饰吧。

GOOD **强大建议：**你的妈妈或爸爸可能还喜欢在吃早餐时阅览一份报纸或杂志噢。

如何避免被闪电击中

闪电是一种游走于雷雨云与地球之间的电荷。在暴风雨来临之际，你会看到天空中出现一道明亮的闪光。被闪电击中的概率实际上只有百万分之一，但这并不意味着你不应该在特定的某些场合多加留心。下面介绍了如何避免被闪电严重烧焦的方法。

- 闪电总会找到抵达地面最快速的方法。与通过空气传播相比，一棵高大的树木，甚至是你的身体，这些都是能让闪电以更快的速度抵达地面的传播途径。因此，最佳建议就是，在雷雨天气里，尽量待在室内吧。
- 如果你在乘坐交通工具，还是待在里面吧。闪电更容易集中在金属物品而不是人类，确保你关紧了门窗，不要触摸车内任何金属材质的物品。
- 如果你真的置身于室外，远离那些积水或位于高处、无遮蔽物的地面，以及高大的物体，例如旗杆。不要携带任何可以让你增高的物品，尤其是金属制品——因此，最好避免携带高尔夫球杆和雨伞。如果你能计算出看到一道闪电和听到随之而来的滚滚雷声之间的时间间隔，那么你就能分辨出暴风雨距离你有多远。你数到的每三秒钟等同于 1000 米的距离，而每五秒钟就是一英里的距离。如果时间间隔少于 15 秒，暴风雨就临近啦，因此迅速采取躲避行动吧。如果就近没有可以遮蔽风雨的地方，蹲伏下来，待在原地不动，直到暴风雨过去为止。

如何玩“疯狂高尔夫”游戏

在你的房屋内设置一处迷你高尔夫球场吧，用打高尔夫来消磨一个雨天简直再好不过啦，而且一点儿也不会让你和你的朋友们淋湿噢。

你需要相当大的一片空间，因此，要确保你不会占用家庭其他成员使用的房间。

你需要用到以下物品：

- 一根高尔夫球杆（如果你没有真的球杆，一把雨伞、一条扫帚或一根拐杖也可以起到作用）、一张纸、一只平底锅。
- 任何可以充当“球场障碍”的物品，诸如盒子、硬纸管、光盘盒、书本、银色锡箔纸等。
- 遮光胶纸、胶带、一个小皮球（不要使用高尔夫球——在室内太难令它发挥效力啦），

你需要做的事情

1 规定一个“球洞”——这是每位玩家必须遵守的路径。这条路径可以从一个房间开始，在另一个房间结束。它应该包括房间内、桌子上下、椅子和沙发，甚至可以包括楼梯下面。这条路径可以延伸并可以穿过门道——小皮球必须在不触碰到门或门框的情况下穿过去。它可以包括让弹跳的球远离用胶带标记的壁脚板的边缘地带。

2 用纸剪出一个圆圈，用它标记出路径的出发点，再用平底锅标记出路径的终止点——小皮球必须抵达终点才能算游戏结束。

3 将所有易碎物品从你要使用的房屋空间内移除。

4 设置一些球场障碍带吧。这些障碍带可以包括:

- 硬纸管。玩家可以将球击打进去。
- 盒子。玩家必须让球以一种特殊的顺序从盒子上方跳跃过去。
- 书本或光盘盒。玩家必须让球在其中曲折前进。
- 一张长长的、揉皱的锡箔纸，再将它在地板上铺平，并用胶带固定住——这个障碍带让控制球的路径变得困难起来。
- 一些在侧边剪出“球门”的盒子。玩家必须将球击打进入“球门”。

GOOD **强大建议：** 创建一个精密的高尔夫球场要经过反复试验。当你认为你已经布置成功时，让球在球场上以不得分的形式试验一番吧，看看是否需要改动某些物品放置的位置——也许球场中设置的某些障碍带太困难，而有些又太简单啦。

如何玩高尔夫

每位玩家必须用高尔夫球杆在球场内将球轻击（动作轻柔地击打）入球洞，越过所有的阻碍和障碍带。在球最终抵达放置平底锅的终点之前，将每位玩家击打球的次数记录下来。

如果某位玩家因为球被困在某处而用手捡球并移动它的位置，那就要给他扣分。

当每位玩家都完成了整个过程时，将每位玩家击打球的次数和扣分加起来，得分最高的玩家就赢得比赛啦！

如何制作命运探测器

如果你的朋友们对未来可能发生在他们身上的事情感到十分好奇，就用这个有趣的命运探测器，并且充分运用你令人惊叹的预测技能为他们探寻一番吧。

你需要用到以下物品：

- 一张正方形纸片、一支钢笔。

你需要做的事情

1 将纸片沿着斜角对折。

2 将对折后的纸片再次对折，折成一个更小的三角形，接着打开，将纸张铺平。

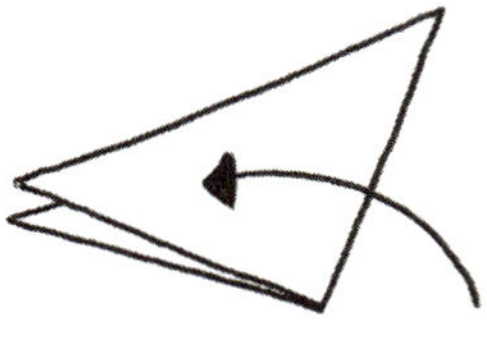

3 将正方形的每个边角沿着折线向中心折叠，这样，所有的边角都聚合在中间位置上了。

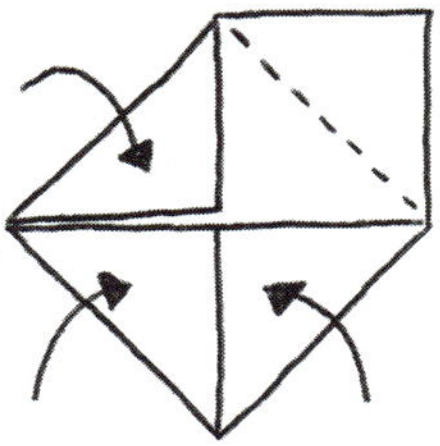

4 将纸片翻转过来，重复这个动作，将每个边角沿着折线向中心折叠，这样，所有的边角都聚合在中间位置上了。

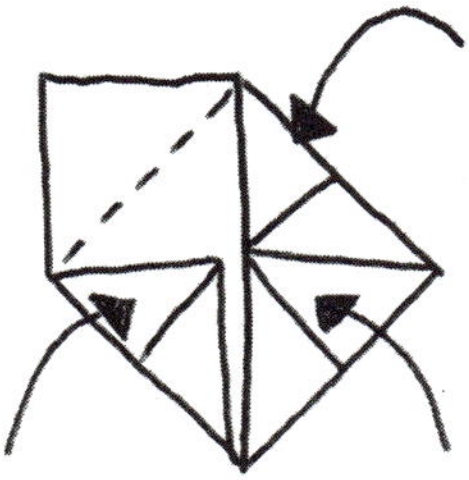

5 将纸片翻转过来，你可以看到 4 个正方形。将纸片沿着中间的折线对折，让正方形位于外面。

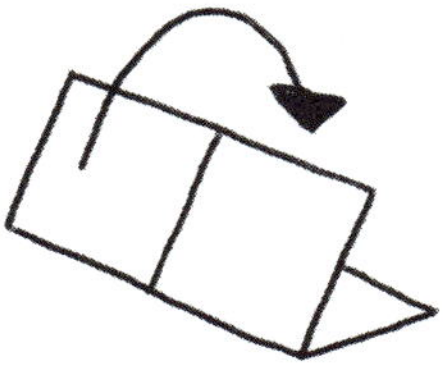

6 将纸张打开，这样你又能看到 4 个正方形。现在，沿着相反的路径，将纸片沿着中间的折线对折。

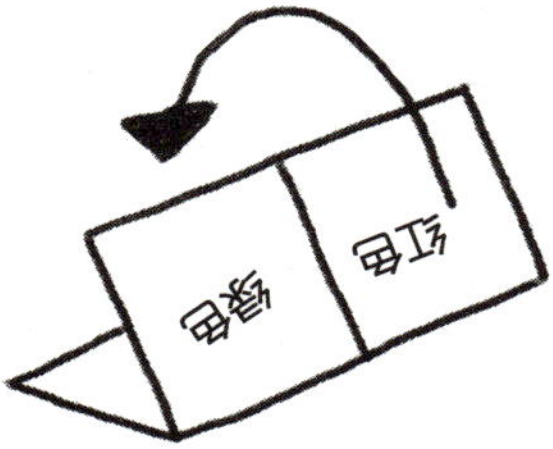

7 在 4 个正方形上写下 4 种不同颜色的名称，接着，将你制作的命运探测器翻转过来。在 8 个三角形的每个三角形内写上一个不同的数字。

8 将三角形折起来，为每个数字写一个命运语言——比如“你会成为一位百万富翁”“你会搬到澳大利亚居住”“你会生 6 个孩子”“你 19 岁时会谈恋爱”“你会成为一名著名的外科医生”，这些想法是不是很棒呢？

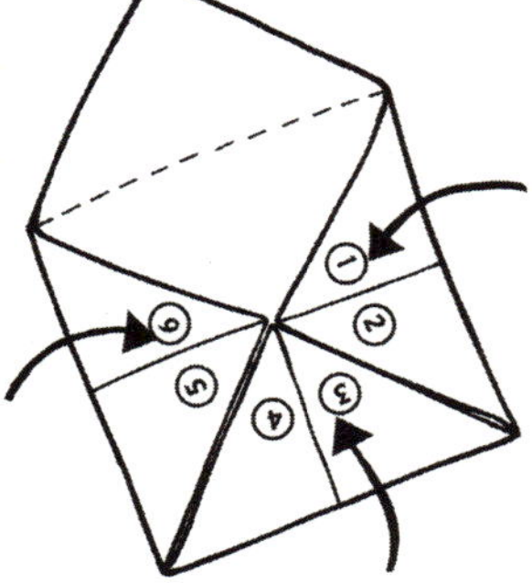

使用你制作的命运探测器

现在，你拥有了自己制作的命运探测器，到了为你的朋友预测命运的时候啦。将你的大拇指和食指放置在四个外边角的下方，将你制作的命运探测器的顶角推向中央位置，这样你就可以看到四种颜色啦。

让一位朋友选择一种颜色。当你每一次开合数字命运探测器时，拼出颜色的名称。

当你开合到最后一个数字时，将命运探测器打开，让你的朋友从显露在外的数字中挑选一个。将这个数字排除在外，继续重复先前的动作。

让你的朋友再挑选另一个数字，接着打开写有那个数字的边角。接下来，你就可以简单地宣读出你的朋友的命运了。

如何制作一块不用烘焙的生日蛋糕

如果今天是你朋友的生日，而你想给她一份惊喜，为什么不尝试着做一块生日蛋糕呢？下面介绍的这种蛋糕十分美味，而你甚至在不用烘焙的情况下就可以制作出来噢。

你需要用到以下物品：

- 175 克消化饼干、75 克黄油、225 克奶油干酪。
- 150 毫升草莓酸奶、150 毫升高脂厚奶油。
- 一打成熟的草莓。

你需要做的事情

1 首先是十分有趣的制作步骤——将你的消化饼干放进一个塑料食品袋中，用擀面杖将它们碾成饼干碎屑。

2 将黄油倒入平底锅中融化，并倒入你碾碎的饼干碎屑加以搅拌。请一位成年人来帮助你完成吧，你总不想将自己的手指烫伤吧。

3 将混合物倾倒进一只直径约 20 厘米的馅饼盘子里，用勺子的背面将混合物压平。

4 当混合物冷却后，将它放进冰箱里约半小时，直到它变硬为止。

5 将奶油干酪和酸奶混合在一起，倒进一只大碗中。

6 将高脂厚奶油倒进一只单独的碗中，直到搅拌至干硬性发泡（你可能发现用一个电动搅拌器更易于操作）。

7 现在，动作轻柔地将搅拌后的厚奶油叠加在奶酪和酸奶之间，沿着碗口边缘搅拌一次，再用木勺子的边缘从碗口中间搅拌一次。继续做这个动作，直到所有的奶油都混合在其中为止。

8 将奶油干酪、酸奶和奶油混合物倾倒在压平的饼干碎屑上方。将它均匀地压平，再将它放回冰箱里，直到碗里的填充物变得坚硬为止，约 30 分钟。

9 将草莓切成薄片，在蛋糕上方摆放出你喜欢的图案。

10 在蛋糕上方添加生日蜡烛即可。

GOOD

强大建议：你可以使用不同种类的水果，以迎合过生日的女孩儿的口味——覆盆子或蓝莓都是很好的选择。

如何教会小猫坐下来

很多人认为无法训练我们的猫科类朋友，因为它们天生一副不受约束的姿态，但这种说法可不是真的——你真的可以教会你的猫坐下来噢。

你需要做的事情

1 在你开始训练你的猫之前，确保你的猫处于一种放松、愉悦的状态之中。抚摸它，让它感到舒适安心。

2 向你的猫展示一块可食用的餐点（比如说一块猫食饼干），然后对它说："毛茸茸（使用你的猫的名字），坐下来吧！"

3 将手里的餐点移动到猫的头顶上方。当它凝视着餐点时，它必须坐下来才能维持身体的平衡——如果它不坐下来，

动作轻柔地按压它的后腿。

4 当它坐下来时，对它大加赞赏，并将餐点喂给它吃。

在指定的时间内，你的猫会了解到，当它坐下来时，它就可以得到餐点作为奖赏。哪怕你不将餐点移动到它的头顶上方，它也会照做的。耐心一点儿，坚持训练你的猫吧。如果你发现你或你的猫的情绪变得十分沮丧，那就停下来，另找一个时间再训练它吧。

GOOD

强大建议：如果你在喂食时间点之前训练你的猫，可能会得到更好的训练效果。

如何在荒岛上生存下来

你是否想过，如果你流落到一座荒岛上，陷入孤立无援的困境中时该怎么办呢？下面介绍了如何改善你的处境的最佳方法，直到救援队伍的到来。

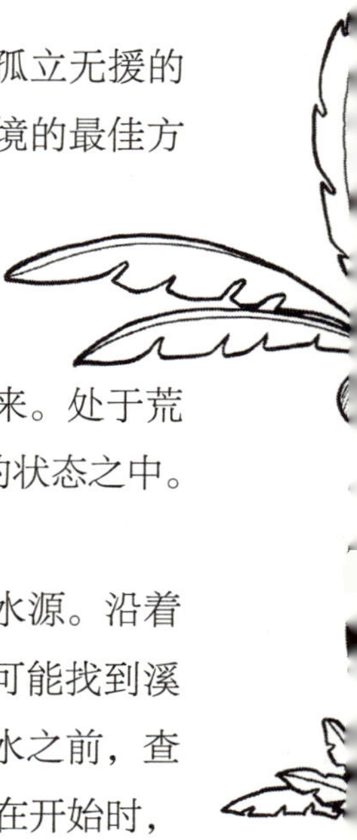

缓解干渴的状态

没有人可以在超过几天没有水的情况下存活下来。处于荒岛中灼热的高温中，你会流很多汗，并很快陷入脱水的状态之中。找到水源是你的第一要务。

如果你足够幸运的话，可以在荒岛上找到淡水水源。沿着海岸寻找流入海洋的溪流吧。循着溪流往回走，尽可能找到溪流的源头。当你不能继续前行时，在你饮用这些淡水之前，查看一下溪水是否干净清澈，有没有散发出任何异味。在开始时，仅仅喝少量的水就可以了，随后的每一天逐渐增加饮水量。这

可以在你饮用太多淡水之前，检查此处水源是否真的安全。

如果你无法找到一处淡水水源，你就需要收集水啦。这里介绍了两种收集水的方法。第一种方法，确保下雨时，你手边有可以收集雨水的容器。在白天，将你收集的雨水存放在一个凉爽、多树荫的地方，防止雨水蒸发。第二种方法，每天早晨，你应该收集植物叶子上凝聚的露水——这是极好的饮用水源。用一块干净的布将露水擦掉，然后用手将布拧紧，将凝聚在布上的露水挤进储存水的容器中。

寻求庇护所

在荒岛上，远离太阳散发的灼热温度是十分必要的，因此，下面要做的就是寻求庇护所。寻找一些可以作为你的庇护所的地基，诸如一块干燥的、露出地面的岩石，一棵倒下的大树，或者甚至是一处洞穴。收集芦苇、嫩枝以及大片的树叶，并用它们来完善你的庇护所。你可以试着将树枝编织在一起，在庇护所上摆放干树叶、松针或欧洲藤。

食　物

一些医生说人类可以在连续 4~6 个星期没有食物的情况下

存活下来。然而，如果你连续好几天不进食，当你需要食物时，你就会因为身体太虚弱而无法寻找食物了。为什么不试着用绳子制作一根钓竿，用一根棍子和一根安全别针制作一个吊钩，看看你是否足够幸运能钓到鱼呢？还有一种方法是，你可以尝试着用一根削尖的棍子来刺中鱼。如果这种方法也失败了，大部分的海藻也是可食用的，尽管你需要将它们煮一会儿。

椰子是很棒的饮用品，而且它们很可能从荒岛的树上掉落下来。食用它们的方法就是将它们打开。

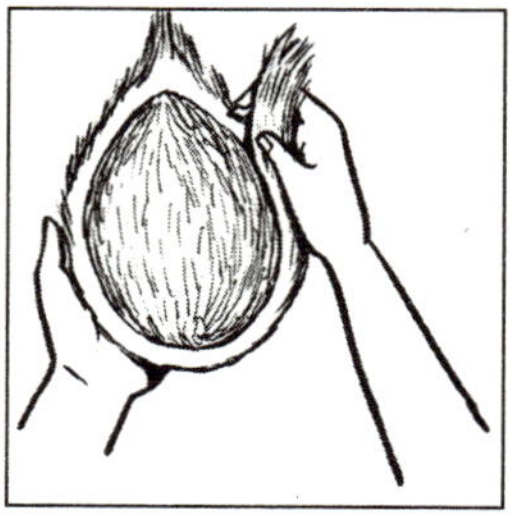

1 一旦你将绿色的外皮除去，脱下椰子的"外壳"——毛状的外层，在椰子的一端，你就会看到三处凹痕——就像两只眼睛和一张嘴巴。

2 将那一端握在手里，找到双眼之间的"接缝"。循着这条接缝抵达椰子的中间位置。想象一下它最肥硕的部分有一条线。

3 找一块大岩石，不停地转动椰子，沿着那条接缝一路敲打。在用岩石重击几次之后，椰子应该就会碎成两半啦。

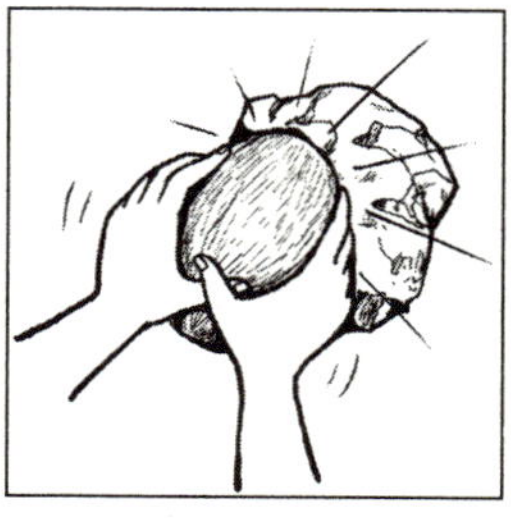

4 用一个尖锐的贝壳或一块岩石将椰子内部乳白色的"椰肉"掏空。在你食用之前，先闻一闻椰子内部的味道。如果它闻起来有些泛酸或发霉，那就将它扔掉吧。

如何制作巧克力布朗尼蛋糕

这些布朗尼蛋糕可以作为通宵派对的最佳甜点——外表酥脆、内心甜蜜，中间还有一层巧克力。

（制作 16 块布朗尼蛋糕）你需要用到以下物品：

- 100 克纯巧克力、100 克无盐黄油（存放在室温下）。
- 200 克细白砂糖、2 枚鸡蛋，打散。
- 50 克纯面粉、25 克可可粉、1 茶勺盐。
- 1 茶勺发酵粉、100 克碎核桃。

你需要做的事情

1 将烤箱的预热温度调至 180 摄氏度或煤气 4 度。

2 将巧克力切成正方形，接着再将正方形切成小片。将所有的巧克力片和黄油一起倒进平底锅中，并小心翼翼地用低温融化，缓慢地加以搅拌（你应该寻求一位成年人帮助你融化巧克力片和黄油，稍后使用烤箱也需要他的帮忙呢）。

3 当巧克力片融化时，将平底锅从火上拿开，添加一些糖。充分混合。

4 将鸡蛋打碎倒进一只小碗中，用一只叉子或搅拌器加以充分搅拌——这叫作“打”鸡蛋。接着，将打碎的鸡蛋倒进巧克力混合物中并加以搅拌。

5 将面粉、可可粉、盐和发酵粉混合在一起并倒入碗中。接着将它们添加到巧克力混合物中。

6 添加碎核桃并对所有的配料成分加以搅拌，直到混合物变得平滑不黏腻。

7 将混合物倾倒进一只铺着抹油纸的直径约 20 厘米的烤盘中。将混合物铺撒均匀到烤盘边缘。

8 戴上烤箱隔热手套，将烤盘放入烤箱中并烘焙 25 分钟，或直到布朗尼蛋糕混合物的顶端摸起来更坚硬一些。所有烤箱都稍有区别，因此，一定要留心别将你的布朗尼蛋糕烤焦了。

9 让布朗尼蛋糕冷却一番，然后将它切成 16 块，与你的家人和朋友们共享这个美味吧。

如何在拼写测验中拔得头筹

英语这种语言的字母拼写十分困难，因为它不是遵循一套简单的规则（好吧，并不总是这样）。你电脑上的“拼写检查助手”并不能在考试或拼写测验中帮助你什么。想要成为一名出色的拼写者并没有什么神奇的捷径可走，但下面提出了一些重要的建议。

- 尽可能增加阅读量——书籍、报纸、连环漫画，任何你可以接触到的资源。注意页面上字母的“形状”，这样你就能意识到它们有没有写错啦。如果你遇到了以前从未见过的单词，试着将它记住。遵循“看、思考、覆盖、写下、检查”这个程序：看着单词并对它进行思考，接着将它覆盖住，看看你是否可以凭着记忆将它写下来，接着再检查你写下的单词是否正确。
- 单词游戏是提高你拼写水平的有效方法之一。你可以试着玩一些诸如（首字头缩写的）猜字游戏、处理填字游戏以及找词游戏（从排在格子里的字母中找出隐藏于其中的词）之类的游戏。
- 学习拼写规则，例如“字母 i 位于字母 e 之前，但位于字母 c 之后”，但你也要记住例外的情况每条规则总是有例外情况发生的——在这条规则中，例外情况包括单词 neighbour（邻居）、height（高度）、weird（怪异的）。

- 如果你总是将某些单词拼写错误，为什么不试着编造一个记忆术（有助于记忆的方法）来帮助你拼写单词呢？举个例子来说吧，记住“单词 separate（分开）中有 a rat（一只老鼠）”。

如何创造世界纪录

如果你认为你是世界上速度最快、速度最慢、最好或也许是最糟糕的人，下面介绍了如何让官方承认并将你创造的世界纪录记录下来。

首先，你需要决定自己是想创造一个新纪录还是打破现有的纪录呢？如果你选择创造一个全新的纪录，你就需要联系“吉尼斯世界纪录”组织啦。这个组织评判、记录并发布了一部记载每年世界纪录的书籍。你可以前往他们的网站查询纪录以及尝试打破纪录的所有细枝末节。

确切地告诉吉尼斯组织你计划尝试创造的新纪录。他们会让你知道你的这个计划是否合适。如果他们认为你的想法合适，他们会确切地和你讨论每一个细节，你需要提供什么证据来证

明你在公正的情况下创造了该项世界纪录。如果他们认为你的想法太危险或太难以证明，他们就不会接受你的意见。

你可以选择打破一个现有纪录——而可供你选择的种类也多种多样，例如用你的鼻子滚动橘子、扔鸡蛋和马拉松接吻都是可以尝试的项目。吉尼斯组织会告诉你关于现有纪录的所有细节、你需要遵循的指导方针以及你需要提供的证据。在某些情况下，他们会派一个人来见证你试图打破纪录的场面。

一旦你提交了关于你尝试打破纪录的所有细节证据，几个星期内，吉尼斯组织就会让你知道你是否提供了充分的证据。如果你提供的证据充分，那你就成功地打破纪录啦！

如何制作一朵纸花

这些纸花制作起来十分简单，作为包装礼物的装饰品简直再漂亮不过啦。

你需要用到以下物品：

- 4 张约 15 厘米 ×8 厘米的彩色薄页纸。
- 几把剪刀、一根缎带。

你需要做的事情

1 将 4 张薄页纸依次叠加起来。将它们折叠成一个类似风琴的形状（折叠约 1 厘米，然后将薄页纸翻转过来，再折叠 1 厘米，如此折叠下去）。

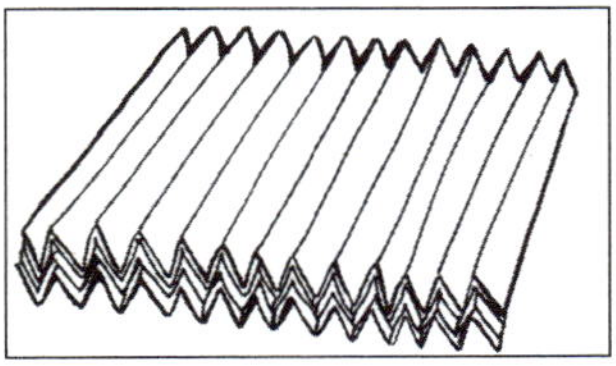

2 用剪刀将你折叠的纸条的每个直角边剪裁成圆形。

3 用手指捏住纸条中间，并用缎带系住，让每边呈扇形散开。

4 将这张薄纸的四层轻轻搓动，一层层地错分开来，最终形成一个花球的形状。

如何在雪崩中存活下来

当山坡上的积雪变厚时，它就想冲到山坡下，雪崩就发生了。每年都有人丧生于数吨重的、滑动的积雪下。因此，如果你想要去滑冰或滑雪，你需要知道如何避开雪崩现场——尤其是很多雪崩都是由于单人站在松动的积雪上，而积雪无法承受人的重量而引起的。下面提出了一些建议：

做好准备

要时刻保持警觉状态。在你准备滑雪之前，听一听收音机或电视机上播报的关于你所在地区的雪崩预警。

在斜坡上，要留心最近的暴雪和强风，以及温度的快速变化、雪中的空隙和听起来空荡荡的积雪。雪崩更易于发生在陡峭的、朝北的斜坡上。你应该尽量避免这些情况。

总是随身携带一部手机准备呼救，还要准备一个雪崩救难讯号器——这个设备会告诉救援人员你所在的位置。

应急策略

一旦你发现雪崩加速朝你袭来，你需要迅速行动起来。不要试图跑得比雪的速度还快——雪滑行的速度很快噢。

扔下你所有的滑雪杖吧，当你摔倒时，它们会伤害到你。当你被积雪包围时，试着待在积雪的顶端，以“游泳”的姿态

向上爬行。如果你从积雪上滑下来了，试着抓住一棵树或抓住一株灌木丛吧。

当雪崩减速下来时，用你的双手覆盖住脸，并将你的身体抱成球。当你停止移动时，迅速将你的双手前后挥动，用你的双手在你的脸颊前方制造出一个空气壁。积雪在几秒钟之内就会将你严密地覆盖住，因此做到这一点十分重要。

打开你的雪崩救难讯号器，稳坐不动——救援队伍就在赶来的途中啦。

如何制作钟乳石和石笋

钟乳石和石笋看起来有点儿像石头冰柱。它们在洞穴上方凝结或从洞穴的地表层上生长出来，通过水滴穿过石灰岩而初具形状。只需一些基本的设备和一点儿耐心，你就可以自己在厨房里制作出钟乳石和石笋啦。

你需要用到以下物品：

- 两只玻璃罐或塑料杯、一些报纸、热水、泻盐或小苏打。
- 一把勺子、三只塑料盘子、两个曲别针。
- 75 厘米长的羊毛毛线（或棉绳）。

你需要做的事情

1 找一处你可以安心做实验的地方，确保你至少可以在里面待一星期而没有人来清扫。这项实验可能会使场地变得十分凌乱，因此不要使用易于损坏的表面。在你开始进行实验之前，在表面上铺几层报纸。

2 动作小心地在一只玻璃罐中倒入约 3/4 的热水。添加几勺泻盐或小苏打，并加以搅拌直至它们在热水中溶解。继续添加更多的泻盐或小苏打，直至没有物质可以再溶解了。现在，在第二只玻璃罐中做同样的事情。

3 让每只玻璃罐站立在放置在报纸上的盘子中，两只玻璃罐之间保持约 20 厘米的距离。将另一只盘子摆放在两只玻璃罐之间。

4 将羊毛毛线或棉绳浸泡在其中一只玻璃罐中。将羊毛毛线纵向对折并将毛线搓成一股线。用两个曲别针分别系住搓成一股的毛线两端。

5 将羊毛毛线的两端分别放进两只罐子里，如下图所示。让毛线的中间自然下垂，这样它就能悬挂在距离摆放在中间盘子上方几厘米的地方啦。

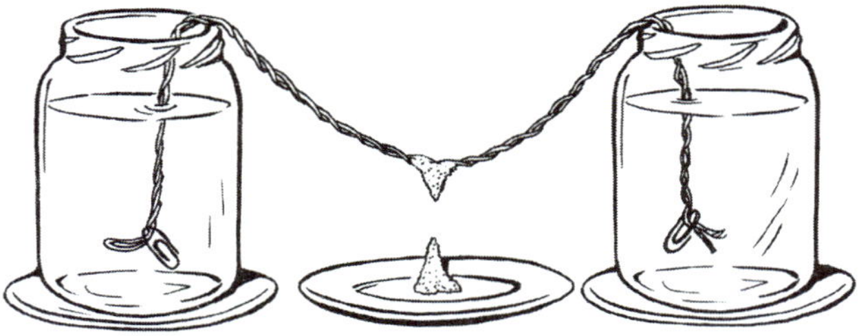

6 将你的实验成品放置几天，直到你自己制作的钟乳石和石笋在摆放在中间的盘子中初具形状为止。

GOOD

强大建议： 你可以在调制的泻盐或小苏打溶剂中添加一些食用色素，这样你就能制作出彩色的钟乳石和石笋啦。

如何让纸制直升机飞行

让纸制直升机飞行再简单不过，也比制作一架纸飞机有趣得多。

你需要用到以下物品：

- 一张纸、一支钢笔、一把尺子、剪刀、一个曲别针。

你需要做的事情

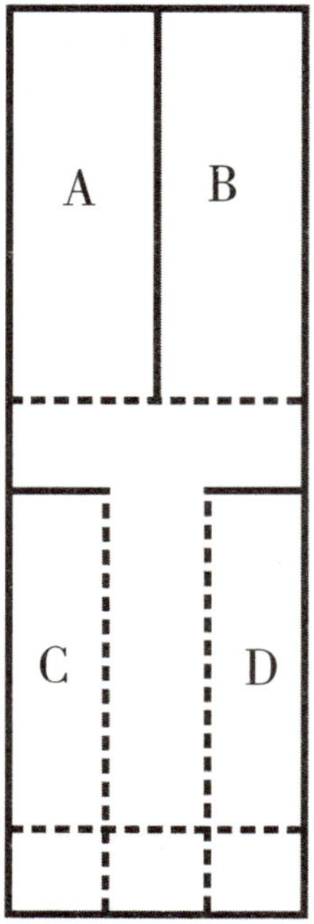

1 在纸上将这个设计图案描绘出来。如图所示，这些实线是需要剪裁的线，而虚线则是需要折叠的线。

2 沿着需要剪裁的线剪出一个形状。

3 沿着虚线在距离底部 16 厘米的地方将纸张折叠起来。

4 沿着标记 C 的虚线折叠。

5 将纸张翻转过来，沿着标记 D 的虚线折叠。

6 如图所示，在你制作的直升机底部放置一个曲别针。

7 将边角 A 沿着朝向你的方向折叠，将边角 B 沿着背离你的方向折叠。

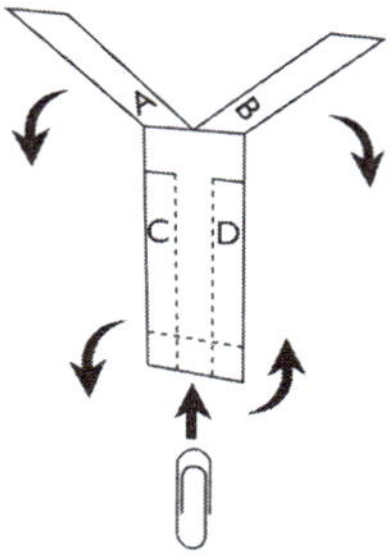

将直升机抛向天空中

准备好让你的直升机起飞啦。将它抛向天空中，将放置曲别针的一端先抛出去，然后观察直升机在空中旋转。

邀请你的朋友们一起来制作直升机，看看谁能让他们制作的直升机在空中飞行的时间最长。

还有一种方法是，在一张纸上描画出你的靶子。想要做到这一点，将一只餐盘放置在纸上，沿着餐盘的边缘描画出一个圆圈。将一只小点儿的盘子放置在描画的圆圈中央，再沿着它描画出一个圆圈。在内圈上标记出 50 个得分，在外圈上标记出 25 个得分。将你制作的靶子放置在地板上，看看你和你的朋友们能让直升机落到距离内圈多近的地方。

如何制作彩饰陶罐

将你的下一次派对安排成墨西哥式的假日庆典吧，但如果没有彩饰陶罐，墨西哥式的假日庆典不会圆满。彩饰陶罐是一种装满糖果或小礼物的装饰物。彩饰陶罐最妙的地方是必须用棍子重重地击打它才能将其打开并拿到装在里面的东西。

你需要用到以下物品：

- 一只气球、一条至少 60 厘米长的粗绳。
- 报纸、画笔、250 毫升水和 250 毫升白胶浆的混合物。
- 一只别针、剪刀、胶带、5 张 A4 纸片、曲别针、广告颜料、眼罩、一根棍子、一张薄页纸。

你需要做的事情

1 将你的气球吹起来，并在颈部打个结。将气球放置在一只小碗中，防止它摇摇晃晃。

2 将报纸撕成条状，将报纸条浸泡在白胶浆和水的混合物中，并用报纸条将气球严密地覆盖住。等到气球上的白胶浆完全晾干，然后再添加另一层报纸条。重复这个动作，直到你添加了 5 层报纸条为止。

3 当最后一层报纸条晾干时，在整个覆盖 5 层报纸条的气球外再涂上一层稀释的胶水，将它放置一夜，直到胶水完全干透为止。

4 用别针将报纸层内的气球固定住。在报纸壳上剪一个边角，并将气球从中移出来。检查一下你制作的彩饰陶罐内部是否完全干透了，再在里面装满糖果。用胶带将边角重新封住。

5 用一张纸片制作出一个圆锥状的物体，并用胶水将接缝粘贴起来（当胶水干透时，用曲别针将接缝处固定住）。将圆锥体底部的三角形边缘剪掉。重复这个动作，以同样的方式处理其他四张纸片。

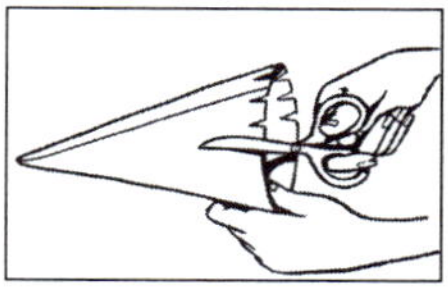

6 在每个圆锥体底部边缘周围剪出约 1 厘米深的小缺口。将胶水涂抹在边角底面，并用它们将圆锥体粘贴在彩饰陶罐上，形成一个五角星的形状。你需要将它们加以固定，并确保将它们粘贴在合适的位置上。

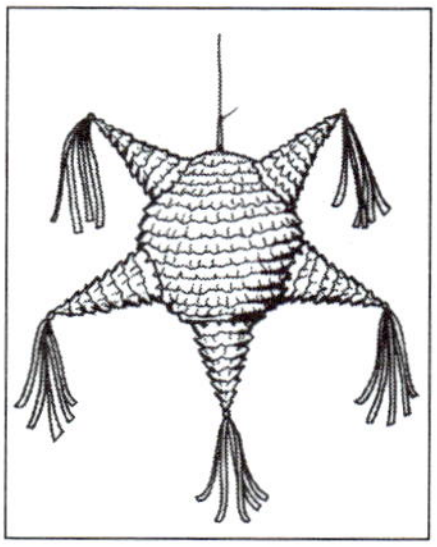

7 当你制作的五角星形彩饰陶罐晾干时，用明亮色彩的广告颜料在它上面涂色。

GOOD

强大建议：想要呈现出真实的墨西哥风格，用剪裁出 1 厘米深的薄页纸条作为荷叶边来装饰你的彩饰陶罐吧。用胶水将未剪裁的薄页纸边粘贴在彩饰陶罐上，每次都要让这些薄页纸边与薄页纸条重叠。

打碎彩饰陶罐吧

用剪刀的一端在你制作的套管顶端刺穿一个小洞。在小洞处系一根绳子，并将它悬挂在一根树枝或一根晾衣绳上。每个人都要带上眼罩，轮流用棍子重重地击打彩饰陶罐，直到它被打碎为止。

如何制作巧克力核桃软糖

试着制作这些简单又美味、巧克力味儿的软糖吧。

你需要用到以下物品：

- 450 克黑巧克力、75 克无盐黄油（在室温下存放）。
- 400 克罐装甜炼乳。
- 1/2 茶勺香草香精、100 克碎山核桃。

你需要做的事情

1 将巧克力切成正方形。接着，将巧克力、黄油和甜炼乳一起倒进平底锅中，低温加热，直到巧克力融化。继续搅拌，小心不要让巧克力烤焦。请一位成年人来帮你完成这个任务，你总不想烤焦自己的手指吧。

2 当巧克力融化时，将平底锅从火上移开，并添加香草香精加以搅拌。

3 添加碎山核桃并加以搅拌。

4 在 20 厘米的烤盘内铺上涂油的锡箔纸。接着，将混合物倒入烤盘中并让它冷却。

5 将混合物放入冰箱，冷冻一小时，或等到混合物完全凝固为止。

6 将软糖切成可以一口吞进的小片，并用锡箔纸将每块糖片包裹住，这样你就可以随时取出来享用啦。

如何分辨某个人是否说了真话

想要准确地判断你的朋友是说了真话还是撒了弥天大谎，是不可能的，但有一些经典的说谎迹象可以帮助你判断：

- 一位内心充满负疚感的人通常说的话要比她平常说的话多。为了让你相信她说的话，说谎者总是会添加许多不必要的细节描述。一定要留心这一点，或许你的朋友滔滔不绝地讲话，只是为了避免谈话中出现令人感到不舒服的沉默或停顿。
- 她是否触摸自己的脸颊，或多次拉拽她的耳朵或头发呢？坐立不安、眨眼和抓耳挠腮都是不同寻常的迹象，显示出说谎者由于说谎而在某种程度上感到十分紧张。

- 你的朋友是否用手捂住了她的嘴、鼻子或喉咙？这些典型的迹象说明她想要掩饰自己的谎言。

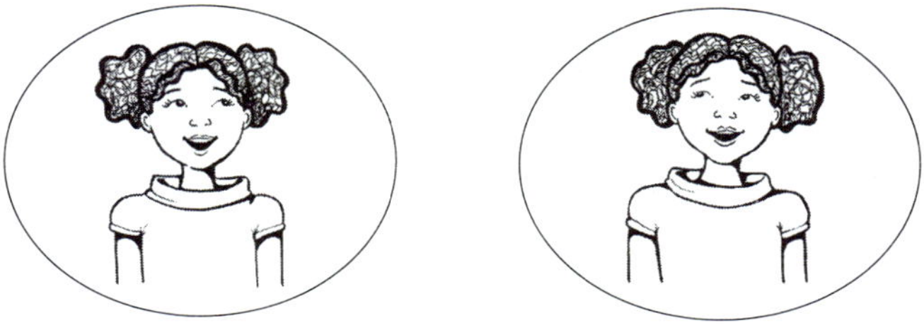

- 当人们试图回忆某些信息片段时，他们更倾向于抬眼向左上方看。如果他们试图编造某些虚假信息，他们更倾向于抬眼向右上方看。
- 你的朋友是否总是试图转移话题呢？她可能有些转移话题的明显迹象——一边用手指向某个方向，一边说话，比如："噢！你瞧那儿！"。或者她表现出更细微的迹象，比如她会说："你看了昨晚那场电影了么？"你也可以玩这个游戏，试着迅速主动地转移谈话的话题——如果你的朋友说谎了，她会很高兴并且呈现出十分放松的状态。一位无辜的人看起来可能会十分困惑，不知道你为什么要突然转移话题。
- 避免眼神交流是某个人在说谎时呈现出的明显迹象。然而，许多人都知道这一点。有些说谎者为了迷惑你，可能会试图和你做多次的眼神交流。因此，无论是缺少眼神交流还是过多的眼神交流，你都要留心。

提醒：以上列出的这些说谎者所表现出来的迹象仅仅是较为笼统的指导。如果你的朋友表现出以上某几点迹象，这并不意味着她一定说谎了。不要受怀疑情绪的驱使去指责她，否则她会伤心的。

如何用10种语言写下“生日快乐”

在下面这条指南的帮助下，你会在任何一场国际友人生日庆祝派对上大放异彩。

用世界上各种语言来表达“生日快乐”

孟加拉语	Shubho Jônmodin
丹麦语	Tilykke med fdselsdagen
荷兰语	Gelukkige verjaarday
芬兰语	Hyvää syntymäpäivääl
法语	Joyeux anniversaire
德语	Alles Gute zum Geburtstag
夏威夷语	Hau’oil La Hanau
葡萄牙语	Parabéns Feliz aniversário
意大利语	Buon compleanno
西班牙语	Feliz cumpleaños

如何看出他人的心思

大多数“读心术者”都会使用一些聪明的技巧，并运用实践经验，让人们相信他们似乎可以看出别人的心思。运用下面介绍的这个简单的读心术小把戏，你也可以做到这一点。你一定可以让一位朋友相信你可以看出别人在想什么。

你需要用到以下物品：

- 一顶魔术师帽（或一只高边碗）。
- 切成条状的纸、一支钢笔、一个 A4 纸大小的便签簿。

你需要做的事情

1 让你的朋友大声说出 10 位名人的名字。当她说出第一位名人的名字时，将这个名字写在一张纸上，将纸片折叠起来，放进帽子中。

2 当她说出第二位名人的名字时，假装将这个名字写在另一张纸上，但写下的还是第一个名字。将纸片折叠起来，放进帽子中。

3 对于所有的名字，都以相同的方式处理，一直到你在帽子中放入了 10 张纸为止，而 10 张纸上写的都是同一个名字。

4 让一位朋友从帽子中挑选一张纸出来。告诉她不要将纸里面的名字大声读出来，也不要让你看到，只要全神贯注地将意念集中在这个名字上即可。

5 神情专注地凝视着她，并将你的双手放置在头部的两侧，仿佛你在运用某种神秘的力量。

6 过了几分钟，点点头，然后将第一位名人的名字写在一张A4 便签簿上，字迹要足够大，能让所有的观众都看到上面写的名字。

7 让你的朋友将她从帽子中挑选的纸条上的人名展示给观众，当你将手中的便条簿翻转过来时，他们会大吃一惊的。

提醒： 在有人调查帽子中其他纸片上的人名前，迅速将魔术师帽移到别处。

如何自己举办颁奖典礼

无论是庆祝你在考试中取得了优异的成绩还是你想要庆祝你的朋友取得的成就时，为什么不举办一场走红毯的颁奖典礼呢?

邀请函和信封

为颁奖典礼设计一些邀请函吧。用金属笔写下邀请函的内容——在白色卡片上用烫金色体写字看起来十分时髦潇洒。邀请函的内容应该包括日期、时间和颁奖典礼举行的地点。确保尽快将邀请函寄出，以保证你的小伙伴们有足够的时间做准备。

你需要决定所颁奖项的不同类别。这些奖项应该符合你朋友的天分所在，可以包括患难之交、最注重环保的朋友、最擅长使用眼线笔的朋友、行事最酷的怪才、卡拉 OK 麦霸等。确保你所邀请的每一个人至少可以赢得一个奖项。

为每个奖项类别都配备一个信封作为装饰。在信封前面写上奖项的名称和三位提名者的名字。将一张写有奖项得主名字的纸装进信封里。

提醒你的贵宾们要准备一场感人的、含着泪水接受奖项的获奖感言，要感谢他们遇到的每一个人，这个奖项是大家共享的。还要提醒他们，如果别人赢得了他们获得提名的奖项，他们应该练习以无懈可击的微笑并大声鼓掌表示对他人的祝贺。

布置颁奖典礼现场

你需要将奖项颁发出去。你可以制作写有“奥斯卡”字样的硬纸板，或你自己设计并影印的荣誉证书。你甚至可以发放一些小礼物，例如巧克力棒、你朋友最喜爱的杂志或一束花等。

最后，找一块价格便宜的红布——在慈善商店中寻找红色的旧窗帘或一个亮红色的被套，将它铺在外面，作为进入你的房屋的红毯吧。

获奖者是……

在颁奖典礼当晚，让你所有的朋友都穿上最好的裙子，越张扬闪耀越好。当他们走上红毯时，请你家里的某位成员帮忙拍几张照片——这可能是他们最接近摄影师的时刻啦。你可以将最好的照片挑选出来，稍后送给他们留作纪念。

在颁奖典礼上，亲手递给每一位朋友一个装有奖项的信封——但要确保里面的信息不会泄露出来。

在颁奖典礼开始时，首先由你自己亲手颁发第一个奖项。向你的朋友们展示这场奥斯卡式的颁奖奖项是怎样设置的，并无比隆重地将奖项颁发给她们吧。

挑选你家里的另一位成员来控制音乐。当有人走上颁奖台接受奖项以及再次离开颁奖台时，他们需要将音乐打开。在你的朋友们发表获奖感言时，他们需要将音乐关上。如果获奖感言过于枯燥乏味，他们可以将音乐声调至最大，催促获奖者离开颁奖台。

记住啦——这都跟娱乐界的事一样！

如何玩一场炫酷的纸牌游戏

“点鼻子”是一种可以让你捧腹大笑的纸牌游戏，操作起来十分简单。你只需要一副牌和 4~13 位玩家即可。

从一副牌中拿出任意某个数字不同花色（红桃、梅花、方块和黑桃）的 4 张牌，比如 4 张 2。在参与游戏的每位玩家面前都放置这样一套牌，如果有 5 位玩家，就拿出 5 个不同数字不同花色的牌各 4 张，将其余的牌放置一旁。充分洗牌，将牌发放给他们，确保每位玩家手中都有 4 张牌。

玩家们必须围坐成一个圆圈。每个人必须从自己的手中取出一张牌，牌面朝下放置在自己的左边，然后再捡起放置在自己右边的牌。

一旦有玩家收集齐同一个数字不同花色的 4 张牌，她必须用一根手指点一下鼻子，并停止传牌。如果她是第一位收集到这样四张牌的玩家，她就是赢家啦。其他每位玩家必须也用手指在他们的鼻子上点一下，以此示意他们注意到游戏已经结束了。最后一位没有用手指点鼻子的人必须接受惩罚，例如讲一个笑话、倒立或跳一曲角笛舞——这就取决于你的选择啦！

如何调制一杯泡沫饮料

给自己调制一杯冒气泡的粉状物，然后将它添加到你最喜爱的果汁中，使之成为一杯风味独特的饮料吧。

你需要用到以下物品：

- 6 茶勺柠檬酸——水化物粉（你可以从药房得到）。
- 3 茶勺小苏打、两汤勺糖霜、你任意挑选口味的果汁。

你需要做的事情

将所有干燥的配料成分混合在一起倒入碗中。将 2 茶勺柠檬酸——水化物粉倒入一只玻璃杯中，并添加一些果汁。就是这么简单！

如何在一群食人鱼的攻击中存活下来

你也许听说过一群食人鱼可以在几秒钟的时间内就将一个人吞食得只剩下骨头，但这种说法并不正确。

实际上，这些露出尖利牙齿的鱼并不符合它们那些臭名在外的声誉。食人鱼多种多样，有些食人鱼还是真正的素食主义者呢。

即使是最危险的食人鱼也不捕猎大型哺乳类动物（像你这样的），这是事实。然而，食人鱼有可能会极为险恶地咬你一口——事实上，它可以轻易咬断你的一根手指或脚趾。

你应该为任何突发情况做好充分的准备，尤其是当你遇到那些带有尖利牙齿的、凶猛的鱼类。下面介绍了一些如何在游满食人鱼的水域中保护好你的手指和脚趾的方法。

采取预防措施

- 对食人鱼的栖息地要多加留心——它们居住在南美洲水流缓慢的河水、溪流和湖泊里。最凶险的鱼类是红腹食人鱼。
- 不要进入在暴雨后可以汇流成河的大水塘中。食人鱼可能会困在这些水塘里。如果它们真的待在水塘里，那它们一定十分饥饿，并且更具有攻击性。
- 干旱季节是个十分危险的时间段。在这个季节进入南美洲的河水中是不明智的选择——在这个时间段，食人鱼可能陷入了食物匮乏的时期，因此，它们会变得饥饿难耐。
- 避开临近垃圾堆的水域，或鸟儿筑巢的树木——这些地方可以为食人鱼提供丰富的食物供给，因此，食人鱼更倾向于潜伏在这些地方。
- 食人鱼可以嗅到水中鲜血的味道，因此，如果你的身体上有伤口，不要涉足水域。
- 如果你真的看到了食人鱼，不要惊慌——用手臂和腿用力击水只能引来它们和更多的猎食者。保持镇静，平缓地从水中移动到岸边。当你从水中出来，处在相对安全的地方时，再惊慌也不迟。

如何制作阶梯金字塔形的蛋糕

这块蛋糕简直就是一场埃及主题派对的点睛之笔——将它赠送给扮演法老的朋友再合适不过啦。

你需要用到以下物品：

GOOD **强大建议：**下面列出的配料数量可以制作一块正方形的蛋糕。你需要制作三块蛋糕才能制作出金字塔，因此你需要配制三次下面列出的配料。

- 200 克黄油、200 克细白砂糖、4 枚鸡蛋。
- 1 茶勺香草香精、200 克自发面粉。
- 100 克纯面粉、果酱、生奶油、糖霜。

你需要做的事情

1 将烤箱的温度预先加热到 160 摄氏度或煤气 3 度，将你准备的蛋糕烤盘排成一排并在烤盘上涂抹油脂。

2 用木勺将黄油和糖混合在一起并加以搅拌，直到混合物变得松软起来。

3 添加一枚鸡蛋，并充分搅拌混合物。重复这个动作，直到 4 枚鸡蛋都添加进去，但要一次添加一枚鸡蛋。接着，搅拌香草香精。

4 将自发面粉和纯面粉一起放在一只单独的碗中过滤，接着，动作轻柔地将它与鸡蛋、黄油和糖的混合物混合在一起。

5 将混合物倒进一只直径 20 厘米涂满油脂的正方形蛋糕烤盘中。将烤盘放在烤箱中央，烘烤约 75 分钟。你可以将一只烤肉叉插进蛋糕中间，检查蛋糕有没有熟透——烤肉叉取出来时应该是干干净净的。

提醒：当你将烤盘放入烤箱中或将烤盘从烤箱中取出来时，随时要带上烤箱隔热手套。请一位成年人帮助你完成这个任务吧。

6 将蛋糕从烤箱中取出来，将它从烤盘中拿出，并放在铁架上冷却。

7 用同样的方法，再做两块和第一块一样的蛋糕。

制作金字塔

第一块蛋糕就是你制作金字塔的底端。将它放置在糕点包装用纸板的中央。

制作下一层金字塔，从另一块蛋糕的长度和宽度分别切下 4 厘米，这样你就有一块 16 厘米 ×16 厘米的蛋糕啦。在正方形蛋糕的一边抹上一层果酱，并将它小心翼翼地粘贴放置在第一层蛋糕上方的中间位置上。

最后一块蛋糕要制作好几层。首先，切出一块 12 厘米 ×12 厘米的正

方形蛋糕。在正方形蛋糕的一边抹上一层果酱，并将它放置在前两层蛋糕上方的中间位置上。

从剩余蛋糕上切下另一块 8 厘米 ×8 厘米的正方形蛋糕，再切下一块 4 厘米 ×4 厘米的正方形蛋糕。在每块正方形蛋糕上都涂抹果酱和奶油，并将它们叠加放置在你制作的金字塔上方。

完工啦

用滤网将糖霜均匀地撒在你制作的金字塔上——在古埃及，一些金字塔上覆盖着一层白色的石灰岩，这会让金字塔在阳光下闪闪发光。

现在，你已经制成了阶梯金字塔形的蛋糕！为什么不举办一场古埃及主题的派对，并将自己装扮成埃及艳后克利欧佩特拉的模样呢？

如何制作立体弹出卡片

这张花朵形卡片制作起来十分简单，而且会让人啧啧称赞。将它作为母亲节礼物或朋友的生日礼物再完美不过啦。

你需要用到以下物品：

- 一张 A4 纸大小的彩纸、剪刀、一只固体胶水。
- 一支钢笔。

你需要做的事情

1 将彩纸纵向对半折叠，接着再将上面那层纸再次对半折叠。

2 将两个折叠标记剪下来，这样你就拥有三张纸条——一张宽纸条和两张窄纸条。

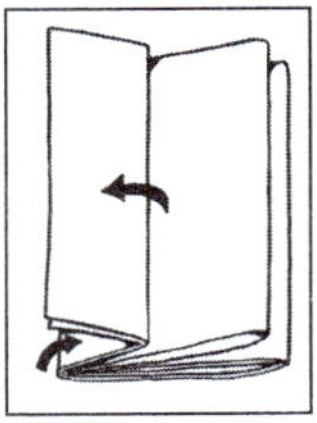

3 取一张窄纸条并将它对半折叠，让较短的两端重叠。接着，再将纸对折两次，这样你就能得到一个八层厚的小长方形。

4 最后再折叠一次，找到长方形的中心，接着将长方形打开，用剪刀将边角修剪成圆形。在圆形边角中央剪出一个小凹口，就制作成花瓣形。

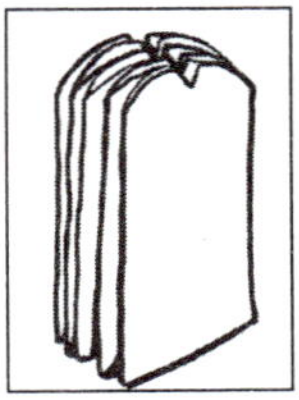

5 重复步骤 3 和 4，以相同的方法处理另一张窄纸条。

6 如图所示，在每个纸条上都剪出 4 个小凹口。

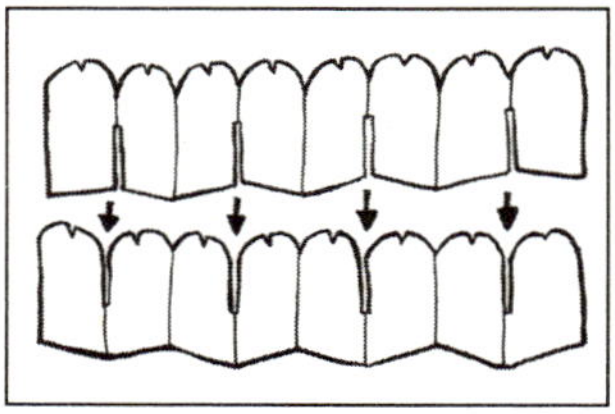

7 将它们沿着缝隙叠插，让纸条交织在一起。接着，从纸条的一端开始着手，将每对花瓣压平，这样一排就有八对花瓣啦。

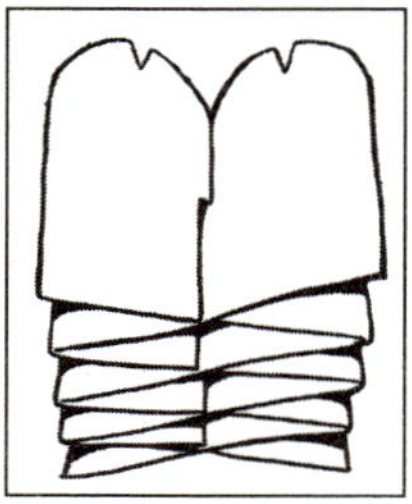

8 取出宽纸条——沿着宽边将纸条剪成两半，并扔掉一半。将剩下的一片纸对折——这就是你制作的立体弹出卡片的外面一层。

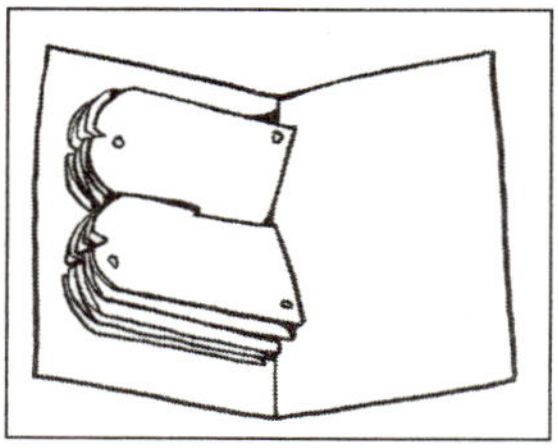

9 将你制作的花瓣形纸条放在卡片中央，并在每个折点处涂抹少量胶水，如图所示。将卡片闭合，并用力按压。

10 将卡片翻转过来，并在另一边重复相同的动作。等卡片晾干后，打开你制作的卡片，让里面漂亮的花瓣展示出来吧。

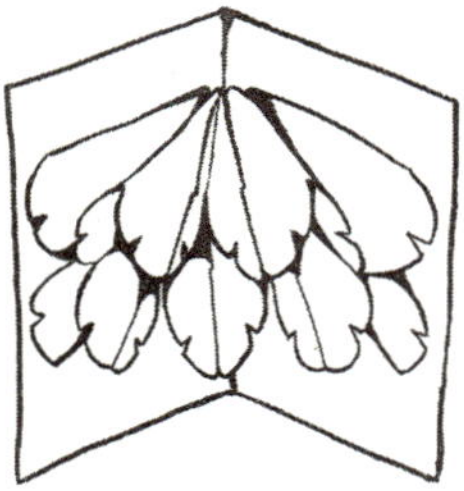

11 现在，用签字笔在卡片的前面写下你的祝福语作为装饰，例如“生日快乐”或“母亲节快乐”。

如何自己制造闪电

想要自己制作迷你型闪电十分简单——毕竟你不需要首先制造出雷雨。下面介绍了如何自己制造闪电。

你需要用到以下物品：

- 一只吹起来的气球、一块毛料布、一个曲别针。

你需要做的事情

1 当天气干燥时，这个方法可以产生最好的闪电效果，因此，不要费神在秋天有雾的天气中尝试。让房间变暗——房间越昏暗，你看到的自制闪电就越清晰。

2 用气球在毛料布上摩擦约 30 秒钟。

3 将气球拿到靠近曲别针的地方。

4 你应该能看到气球和曲别针之间出现一个火花爆裂的痕迹——正如叉形闪电一般。事实上，这是你在气球表面摩擦而引起的静电和曲别针上的金属产生了闪电效应。

如何制作假化石

想要制作假化石并不难，而你制作的假化石值得任何古生物学家将它纳入收藏之中（古生物学家是指研究化石的人）。

你需要用到以下物品：

- 雕塑黏土、一根擀面杖。
- 要变成化石的一件物体——小型塑料玩具昆虫、动物或恐龙，或一只贝壳或一块骨头。
- 一支画笔、凡士林、熟石膏、水。

你需要做的事情

1 揉捏雕塑黏土，直至黏土变软，接着用擀面杖将它滚动压平，将它滚动至约 2 厘米厚。确保黏土的面积要大于你想要石化的物体。

2 在画笔上涂抹薄薄一层凡士林，用画笔将你想要石化的物体覆盖住（这也让稍后将它从黏土上移除变得更容易一些）。

3 将你想要石化的物体推挤进黏土中。将它放置在原处，直到黏土完全干透为止（24 小时左右），接着再将它移除。现在，你就有了自己的化石模具啦。

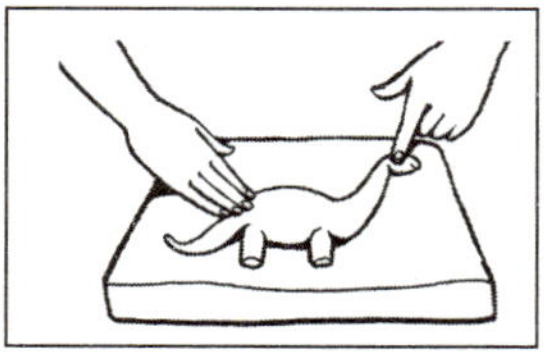

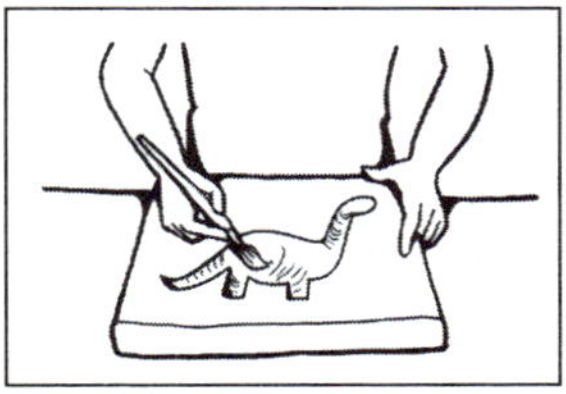

4 想要制作你的化石，你需要将熟石膏放进一个塑料容器中（遵循包装上的说明书）。

5 在画笔上涂抹薄薄一层凡士林，用画笔将你制作的模具内部覆盖住凡士林。

6 将熟石膏倒进模具中，让它凝固至少 30 分钟。

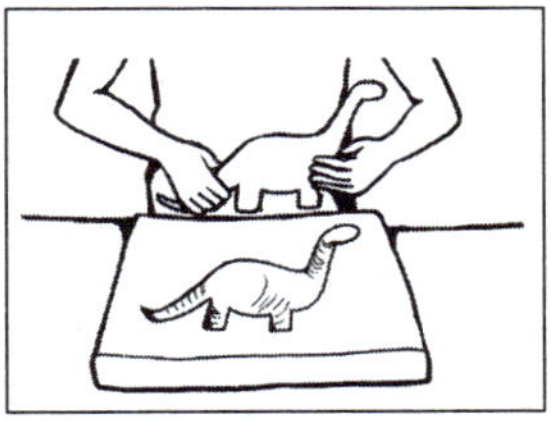

7 将你制作的化石从模具中移出来，等到它干透为止。

现在，你就拥有一个看起来十分炫酷的假化石啦。接下来你就可以创作一整套史前小虫、骨头和迷你恐龙。

如何自己制作纸张

如果你有任何可以回收的废纸，为什么不试着自己制作纸张呢？手工纸张可以做成一张美丽的贺卡或便签纸噢。

你需要用到以下物品：

- 废纸（任何废纸，无论是彩纸还是白纸都可以，如薄页纸、印刷纸、包装纸等，但报纸不可以）。
- 一个搅拌钵。
- 水、一个搅拌机、一只洗碗碟用的大浅桶。
- 一个钢丝晾衣架、一对尼龙紧身连裤袜（你可以看到的那种透明材质）、许多张报纸。

你需要做的事情

1 将你收集的废纸撕成小片并将它浸泡在盛满水的碗中，直到纸质变得柔软。

2 将被水浸透的纸张放进搅拌机中并在搅拌机中倒满水。将混合物充分搅拌直到没有大片的纸张残留物。你搅拌的混合物应该呈现出厚厚的块状，就像燕麦粥一样浓稠。因此，反复试验几次，直到你得到合适浓度的纸浆混合物为止。

3 在浅桶中放入你搅拌的纸浆约四倍多的水。将纸浆放入盛满水的浅桶中加以搅拌。这时，你可以添加一些额外的东西和纸张，令你制作的纸张更个性化。下面介绍了一些你可以添加的东西：（装饰用的）小发光物、干花瓣、几段彩线树叶、种子、食用色素等。

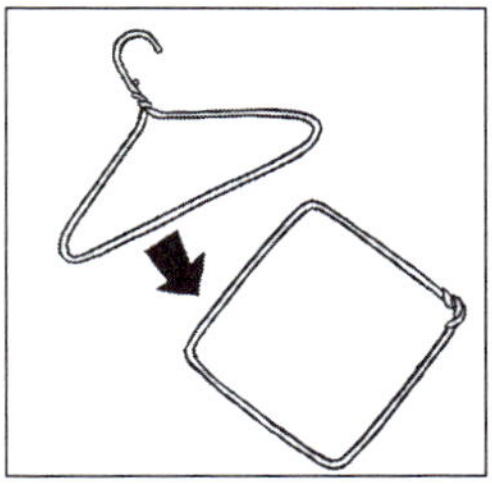

4 将晾衣架弯曲成一个长方形——这个钢丝框架就是你制作纸张的形状（请一位成年人帮助你完成这个任务，因为晾衣架可能有尖利的地方会刺伤你）。

5 将一只连裤袜横穿过铁丝框架并用连裤袜的两端系住铁丝框架的两端（这些能起到操作手柄的作用）。

6 将你制作的铁丝框架放低到浅桶中，尽可能地将它放平。接着，动作小心地将铁丝框架从水中拎出来，并用纸浆将它覆盖住。

7 将铁丝框架放置在一些报纸上，等待它完全晾干——你可以通过将它放在一个温暖的地方，例如保暖衣橱中，来加快进程。

8 当它完全晾干时，动作轻柔地将纸张从铁丝框架中剥除出来。

用不同类型的纸张做实验。为了得到更好的实验效果，添加一些颜料、零碎的小物品和纸片吧。

如何玩“真心话大冒险”游戏并成功地逃脱陷阱

“真心话大冒险”游戏可以让一场通宵派对大放异彩，通常是两位或更多的玩家一起玩——只要你能远离危险系数高的大冒险和令人坐立不安的真心话就可以啦！下面介绍如何玩“真心话大冒险”游戏并针对“真心话”和“大冒险”提出一些建议。

你需要做的事情

在游戏开始前，在几张纸上写下一些真心话和大冒险（想要获得相关内容的灵感，参照下面列出的问题）。将这几张纸折叠起来，将真心话纸条堆放成一堆，而大冒险纸条堆放成另一堆。

将所有的玩家召集起来，让她们围坐成一个圆圈。从最年轻的玩家开始——成为“提问者”。她要挑选出另一位玩家作为“回答者”，并询问她：“真心话还是大冒险？”回答者需要选择她想要回答的问题种类。提问者要从相匹配的一堆纸条中挑选一个并将纸条上的内容大声读出来。回答者要尽最大的努力回答问题或完成任务！

下面提出了一些点子——自己编造一些“真心话”或“大冒险”的内容，但要确保远离任何危险的、粗俗的或令人坐立不安的问题！记住，你一定要如实回答。

真心话

你最喜欢的白日梦是什么呢?

如果陷入了孤立无援的困境中，你想和谁一起待在孤岛上呢?

如果陷入了孤立无援的困境中，你最不想和谁一起待在孤岛上呢?

你是否曾经喜欢过你朋友的哥哥呢?

你最快乐的时刻是什么时候?发生在什么地点呢?

针对老师提出的问题，你回答的最愚蠢的答案是什么呢?

描述一下你理想中的16岁生日派对吧。

如果你赢得了一百万，你要怎么处置这笔钱呢?

你梦寐以求的假期是什么样的呢?

如果明天就是世界末日，今天你会做些什么呢?

大冒险

在你的T恤衫里放两块冰块。

做一次侧手翻的动作。

吃一茶勺芥末。

模仿你最不喜欢的老师。

和你右边的人互换一件衣服。

唱“我是一只小茶壶”并完成所有的动作。

走到室外并大声唱“咩咩咩，咩咩咩，我是一只黑绵羊”。

在双手上套一双袜子，并一直维持到游戏结束。

在不放声大笑的情况下低声哼唱国歌。

背着你左边的人绕着房间走一圈。

如何让你的包包变得闪亮

充分发挥你的设计技能，为一只单调的包包增添一些与众不同的色彩吧。

心形毡

你会爱上这些优美的心形毡的。

你需要用到以下物品：

- 一支铅笔、几张白纸、彩色手工泡沫纸或泡沫毡。
- 剪刀、白胶浆、高仿宝石、自粘布带。

你需要做的事情

1 在一张纸上描画出一系列大小不同的心形——你可以参照图中的心形描画，并将它们剪裁出来。

2 将你画出的心形模板纸放在泡沫纸或泡沫毡上并描画出来，用几种对比色填充。将心形剪裁出来。

3 在最大的心形中间涂抹一些胶水，再将稍小一些的心形粘贴在最大的心形上。继续这个动作，直到你用完了所有的心形。在最后一层心形上添加一些高仿宝石就更完美了。

4 用自粘布带在你的包包上缠绕出一个正方形，在心形毡背面再缠绕出一个正方形。接着，按压心形毡，让它和包包粘贴在一起。

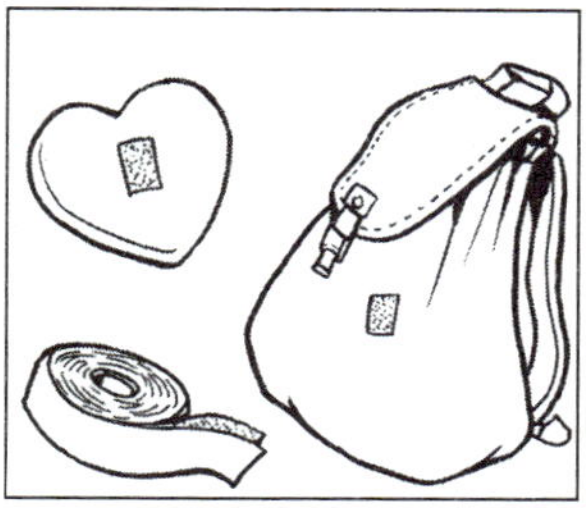

强大建议： 试着使用不同的设计图案吧，比如星星、花朵或动物形状的图案。

如何完成跳绳的步骤

跳绳是保持身体健康的一种绝佳的锻炼方式，而且也十分有趣。掌握以下这些复杂的跳绳步骤，让你的朋友们惊叹不已吧。

跳绳的动作

首先练习以下这些基本动作吧：

- **向后跳：**将绳子向后翻，而不是向前翻。
- **双重跳：**高高跳起，在落地之前，将绳子翻两次。
- **换脚跳：**先是右脚着地，再左脚着地。

- **交叉跳：**当你跳绳时，将你的双臂置于身前。

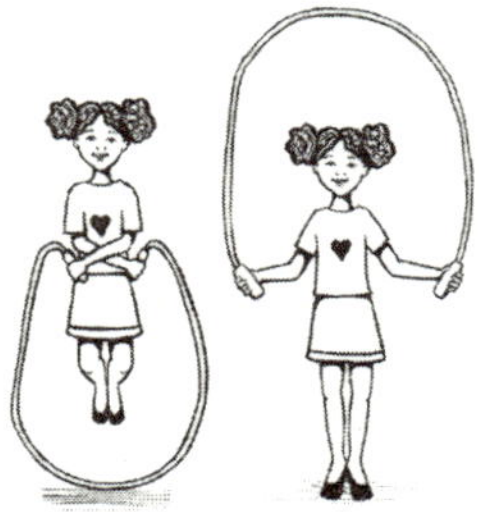

• **曲折跳**：膝盖转向右方着地，接着膝盖转向左方着地——仿佛你在一个曲折的斜坡上滑雪一样。

• **叉开脚跳**：将你的双脚分开着地，再将双脚并拢着地。

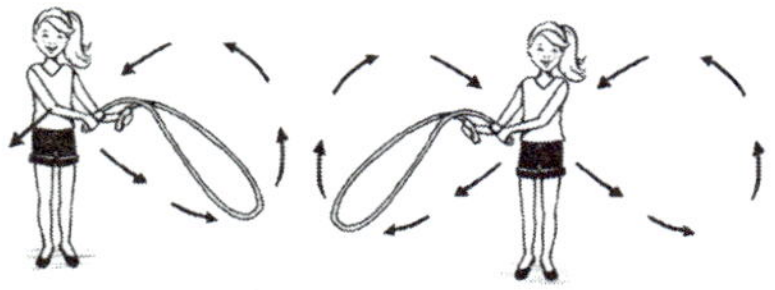

• **八分跳**：当你站立不动时，让绳子以八种花样移动。

• **平衡跳**：当你转动绳子时，将你的右手置于右膝下方，继续跳并用左脚着地。接着，将你的左手置于左膝下方并用右脚着地。

跳绳的步骤

一旦你掌握了这些基本动作，试着将它们整合成下面这个步骤吧：5 次双重跳、5 次向后跳、10 次换脚跳、5 次八分跳、2 次交叉跳、5 次叉开脚跳、2 次平衡跳。

你也可以自己编造一些跳绳动作并整合成一套步骤。

如何用罗马数字数数

罗马人在很多事情上十分精通，但他们对数字体系的处理能力却十分糟糕。如果你是一位古罗马人，你就要费神计算下面列出的这些公式啦：

I=1

V=5

X=10

L=50

C=100

D=500

M=1000

所有中间的阿拉伯数字都是用这些罗马数字表示的。举个例子来说吧，数字 1、2 和 3 就是 I、II 和 III。

如果一个较大的数字前面有一个较小的数字，这就意味着你要从大数字中剪去小数字。因此：

IV=5-1=4

IX=10-1=9

XL=50-10=40

VC=100-5=95

如果一个较大的数字后面有一个较小的数字，这就意味着你要将数字叠加起来。比如：

VII=5+2=7

XVI=10+5+1=16

LX=50+10=60

CLV=100+50+5=155

表示更大的数字可以在数字上方添加一道横线，这意味着将原有数字乘以 1000。比如：

$\overline{\text{V}}$=5000

$\overline{\text{L}}$=50000

$\overline{\text{C}}$=100000

$\overline{\text{M}}$=1000000

如果你认为这些数字算法太简单，试着用罗马数字做一些乘除法吧！

如何在激流中存活下来

激流是靠近海面的一片水域，它会迅速从海岸离去。激流可以将体格强健的游泳者从岸边拉拽到海里。然而，倘若你知道如何应对激流，你就可以安全地返回到岸上了。

应急策略

如果你正在游泳，突然意识到自己正在被一阵激流拉拽到海里，不要惊慌！惊慌失措只会让你迷失方向——你需要保持头脑清醒。你完全有可能返回到岸边，而激流也不会将你拉拽到海底。

不要用力挣扎，试图游回海岸。你的力气不足以抵抗激流，徒劳无功的挣扎只会令你感到精疲力尽。保持和海岸线持平的方

向游动。如果激流过于猛烈，令你无法实施这个动作时，就在海中静静地等待，直到激流将你带到一片更为平静的水域。

激流通常不会超过 10 米宽。一旦你沿着和海岸线持平的方向游动了足够长的时间，你应该会抵达不受激流影响的外围水域。接下来，你就应该游向海岸返回，或者你可以让海浪将你带回到海岸上。

在有游客嬉闹玩耍的沙滩上，通常会有标语警示这个水域是否易于受到激流的危险袭击。留意这些警示标语，千万不要在那些标明不安全地带的水域中游泳。你要一直待在沙滩附近的水域，那里有训练有素的救生员在到处巡逻。

提醒：不要单独游进海里，如果你的游泳技术并不娴熟，还是待在浅水区吧。

如何测量一棵树

你不需要爬到高高的树枝上，用长长的卷尺来测量并计算树的高度。下面介绍一种简单的测量方法，再也不需要在树叶间穿梭爬行啦。

你需要用到以下物品：

- 一条色彩明亮的彩色缎带、一个测量卷尺。
- 一支铅笔、还有一棵树。

你需要做的事情

1 用卷尺将你的缎带缠绕在距离树底约 1.5 米处的树干上。

2 从树旁走开，直到你可以看到整棵树和你做的标记为止。将你手中的铅笔举高到手臂的高度，闭上一只眼。将你的铅笔和树底对齐，并将你的大拇指放在铅笔上，直到它和树干上的标记对齐为止。你在铅笔上测量的距离等同于 1.5 米。

3 在你爬上树顶之前，数一数你要测量多少次，然后将这个数字乘以 1.5。比如，如果你测量了 3 次，那么这棵树就有 4.5 米高。

如何建造一座姜饼房屋

建造一座自己的姜饼房屋需要花费不少时间，但与所得到的结果比是值得的。它和看起来一样美味噢！

你需要用到以下物品：

建造一座房屋模板：

- 厚纸或厚卡片、一支铅笔、几把剪刀。

制作姜饼：

- 250 克无盐黄油、200 克红糖、7 汤勺糖浆。
- 600 克纯面粉、两茶勺发酵粉、5 茶勺姜粉。

装饰你的房屋：

- 500 克糖霜、小包杏仁蛋白软糖、彩色糖果。
- 巧克力纽扣、可食用小银球和其他蛋糕装饰物。

你需要做的事情

1 如下页图所示，在一张厚纸或厚卡片上分别描画出这 3 个大小固定的形状。将它们剪裁出来。

2 将烤箱的温度调至 200 摄氏度或煤气 6 度。将黄油、糖和糖浆倒入平底锅中融化。

3 将面粉、发酵粉和姜粉混合在一起放入一只大碗中。接着，将平底锅中的混合物加以搅拌，制作出姜饼生面团。

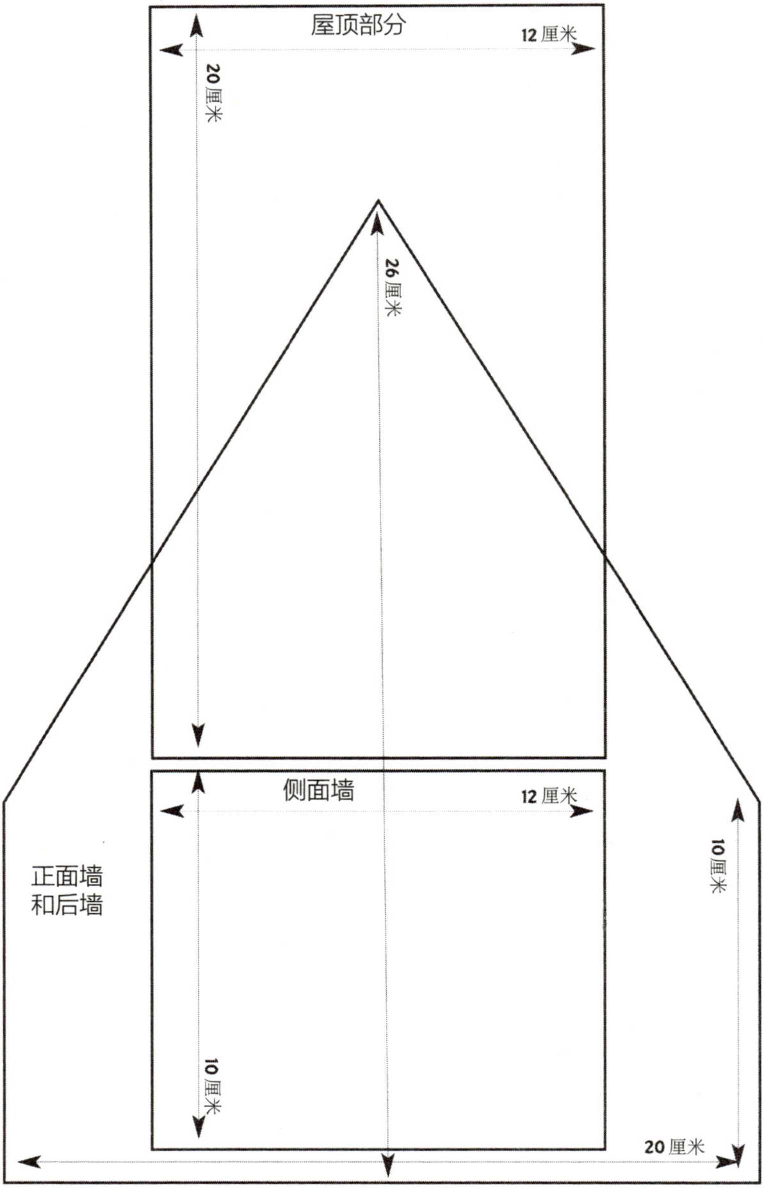
屋顶部分
12 厘米
20 厘米
26 厘米
侧面墙
12 厘米
正面墙
和后墙
10 厘米
10 厘米
20 厘米

4 取出 1/4 块生面团，并将它放置在沾有少许面粉的烘烤纸上滚动，直到滚成 0.5 厘米厚的面团为止。将墙状模板的前面放置在面团的顶端，并用刀沿着模板切下来。将面团连同烘烤纸一起移到烤盘中。

5 将切下来的边缘和剩余的面团放在一起，将它压成一个小球，接着，再从中取出一些生面团，将它放置在另一张烘烤纸上滚动，直到滚成 0.5 厘米厚的面团为止。继续这个动作，直到烤盘中每种形状都有两块面团为止。当它们在烤箱中烘焙时，这些形状的面团会膨胀，因此，要在烤盘中给它们留有充足的空间。

6 将你制作的不同形状的姜饼面团放进烤箱，烘焙 10~15 分钟——直到面团变成金黄色，边缘的颜色变暗为止。将它们从烤箱中取出，让它们完全冷却（请一位成年人来帮助你使用烤箱吧）。

7 用剩余的面团为你制作的房屋花园制作一些树木和花朵，或者制作一些“居住”在房屋里的姜饼小人儿。

8 根据包装上的说明，制作一些糖衣。这可以将你制作的房屋粘贴起来。

9 等到姜饼面团冷却后，取出墙状的面团并在边缘撒上糖衣。将它们一片片连接起来——你可能需要一位朋友帮助你完成这项细致的工作。将你制作的墙状姜饼靠在书本、杯子或罐子上，将它们晾干。然后以同样的方式，将屋顶状的姜饼覆盖在上面。

10 现在，用你喜欢的方式随意装饰你的房屋吧。你可以使用一片糖浆作为大门——也许可以用巧克力纽扣作为门把手，可食用的小银球作为门框。你可以使用糖衣作为屋顶（或在屋顶状的姜饼上撒上糖衣也可以）。用糖衣将糖果粘贴在房屋上。

你舍得将制作好的姜饼房屋吃掉吗？你有大约一星期的时间可以考虑，因为它的保质期只有一星期左右。

如何打水漂

让一块石头在湖面或河面上跳跃需要一定的技巧。多练习几次，你可能就能打败 51 次跳跃的世界纪录了。

挑选一块平滑的椭圆形石头，大小要可以将它轻而易举地握在手中。再找一处平静的水域，诸如一个湖泊或小池塘。侧身站在水域旁，双脚分开，屈膝站立。

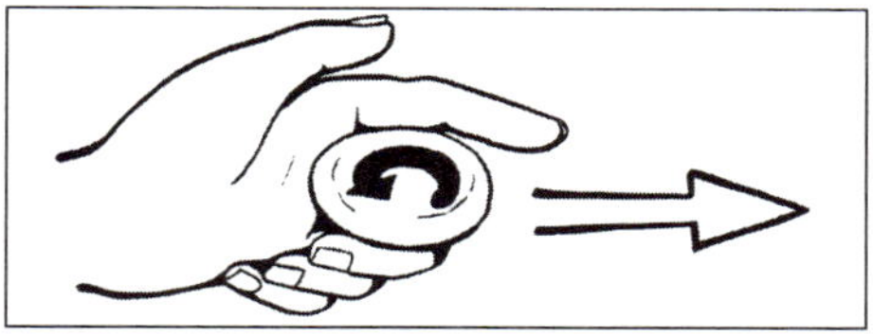

食指弯曲，握住石头的边缘，将你的大拇指平放在食指上方。你的中指应该放在食指下方，以确保当你投掷石头时，它可以

保持水平的姿势。

将你的手臂缩回来，再将它猛地伸出去。当石头离开你的手时，用你的手腕和食指旋转石头。你需要尽可能地将石头抛掷在水面附近，几乎和水面持平最好。如果你想要达到专业水准，你可以瞄准石头入水路径和水面之间20度角的地方。石头前方应该稍稍高于后方，这样石头在水面上跳跃的概率就更大了。

如何制作相框

如果你拥有一张极为喜爱的照片，为什么不给它制作一个别出心裁的相框呢？

你需要用到以下物品：

- 两张厚卡片（旧纸箱就很合适）、一支铅笔、一把尺子。
- 剪刀、报纸、100 毫升水和 100 毫升白胶浆的混合物、一支画笔、多余的胶水 、广告颜料。
- 装饰物，例如高仿宝石、贝壳、糖果、蛋糕装饰物或干花。
- 一张透明薄胶片（可以从文具店里购买）、胶带。

你需要做的事情

1 将你想要装框架的照片放置在一张卡片上并描绘出它的正方形轮廓。在第一个正方形中再描绘另一个正方形，每边大约比大正方形短 0.5 厘米。

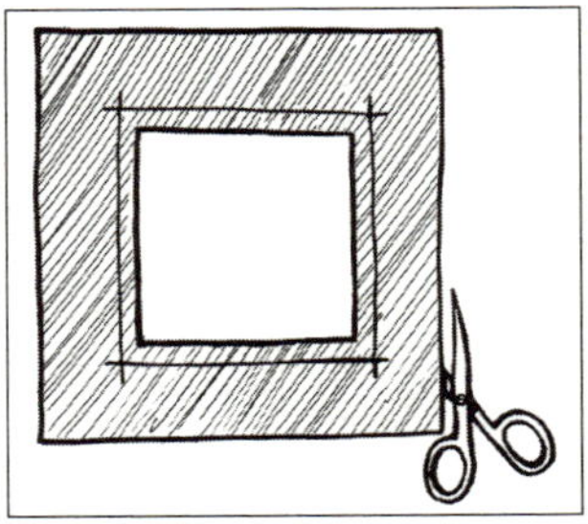

2 在前两个正方形外面再画一个正方形，确保前两个正方形位于正中央的位置上。这就是图中所示的相框，因此，描画出你想要的框架大小吧。

3 将最小的正方形和最大的正方形剪裁出来。你应该在纸板上留下一个框架（请一位成年人帮助你剪出中间的正方形吧，这需要一点儿技巧噢）。

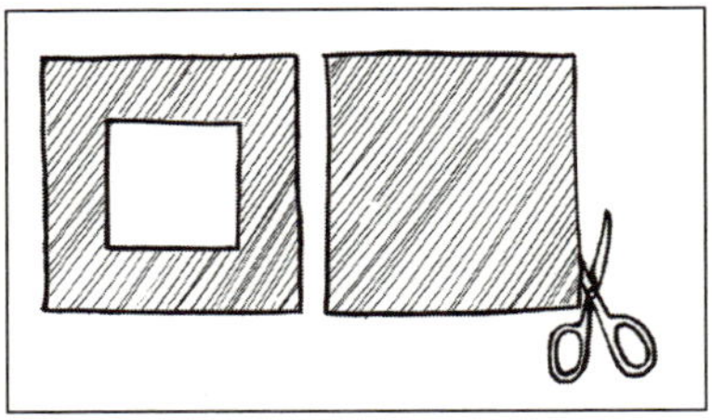

4 在另一张卡片上将你的相框描画出来。将这个正方形剪裁出来，作为相框的背面。

5 要给你的相框增添一些阴影条纹，将一张报纸撕成条，并将报纸条浸泡在白胶浆和水的混合物中。用报纸条覆盖住相框。等到它们晾干，再添加另一层报纸条。重复这个动作，直到你添加了四层报纸条为止。

6 当你添加的最后一层报纸条完成干透时，在报纸条外面涂抹一层稀释胶水，放置一夜，等它晾干。

7 现在，给你的相框着色吧。

8 将你挑选的装饰物放在相框上，再用胶水将它们加以固定。挑选那些和照片主题搭配的装饰物。当装饰物在相框上固定时，在装饰物上涂抹一些未稀释的胶水，让它们散发出闪亮的光泽吧。

9 在透明薄胶片上剪裁出一个正方形，这个正方形每边的长度至少要比相框边多出 1 厘米。在薄胶片的底边折叠出一条折痕（将你的相片放在折痕之内），接着用胶带将它固定在相框的背面，底部边角突出。

10 将相框的背面翻转至前面，用胶水涂抹三个侧边，相框顶部的边缘不要涂抹胶水。

11 将你的照片放进相框中，将相框摆放在窗台上吧。

如何与雪人交朋友

雪人也被称为喜马拉雅雪人。“喜马拉雅”这个词让你感到很困惑吗？也许它应该——你尤其需要记住的是，据说雪人有3米高，重达600千克呢。然而，如果你下定决心要和这种体形巨大、毛茸茸的神秘生物成为最好的朋友，可以给你提供一些可供参考的建议如下：

- 首先，找到你的雪人朋友吧。这项工作可不简单。你需要长途跋涉至喜马拉雅山脉，还需要携带足够多的保暖衣物——雪人身上覆盖着可以保暖的厚厚的皮毛。据报道，世界上其他的山脉地区也有类似的生物出现过。你可以试着搜寻加拿大的萨斯科奇人、美国的大脚野人、巴西的马平瓦里野人或澳大利亚野人。
- 雪人的踪迹十分罕见，它们一定十分害羞。不要制造出任何突如其来的响动，并且试着表现得友善、可接近一些，耐心一些——在雪人判断出你是友好的人类之前，你需要等待一段漫长的时间。
- 雪人是多毛动物，因此如果你对宠物过敏，可能雪人就不适合和你做好朋友啦——突然打喷嚏可能会引起它们的警觉。
- 一旦你成功吸引了雪人的注意，试着用一些冬季运动项目令它感兴趣吧，例如滑雪、滑冰或滑行雪橇。它可能是这

方面的专家。在这种情况下，它还可以教授你一些令人印象深刻的技巧呢。

- 和你的雪人朋友对话可能是个问题 也许它并不会说英语，而只能像黑猩猩一样发出低沉的咕噜声和尖叫声，用这种方式和你进行交流。你必须找到其他充满乐趣的事情，和它一起玩耍，以弥补缺乏交流造成的遗憾。试着在营火上烤棉花糖、看星星或放风筝吧，就像一起做冬季运动那样。

如何制作一只折纸盒子

这些小盒子十分精巧可爱，还可以用来存放曲别针、玻璃珠、工艺用品或糖果。你会发现这些盒子制作起来十分简单，但处理那些厚卡片有些困难。你需要的仅仅是一张正方形纸。

你需要做的事情

1 将正方形纸对折，接着再将纸打开并沿着另一个方向对折。每次折叠时，你都要制作出一条深刻的折痕。

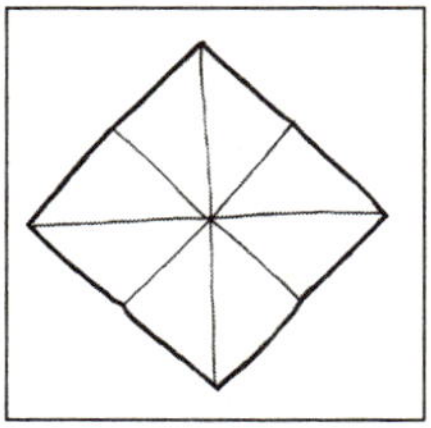

2 将纸打开，再将它沿着对角对折。将纸打开，并沿着另一个对角对折。

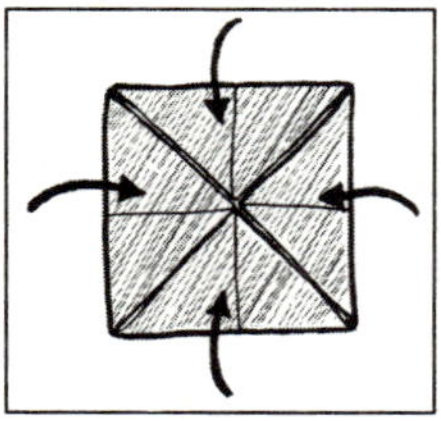

3 将纸打开，将四个边角向中心折叠。

4 将相反的两个侧边向中心折叠。再将纸打开，接着以同样的方式将其他两个侧边向中心折叠，再将纸打开。这些就是盒子的侧边。

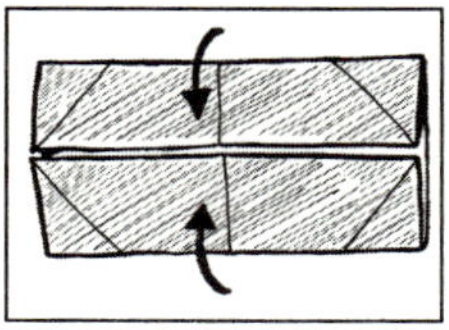

5 如图所示，将两个相反的边角打开。将每个侧边的边缘向里推，这样你就能将折叠的一面翻转过来了。以同样的方式处理另一个侧边。

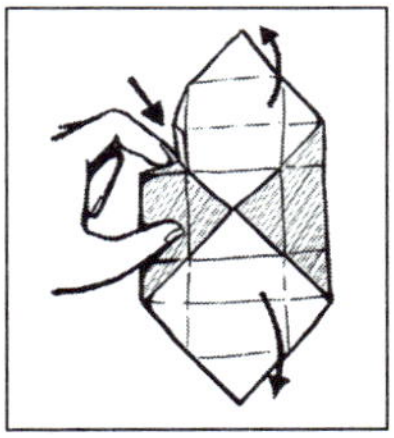

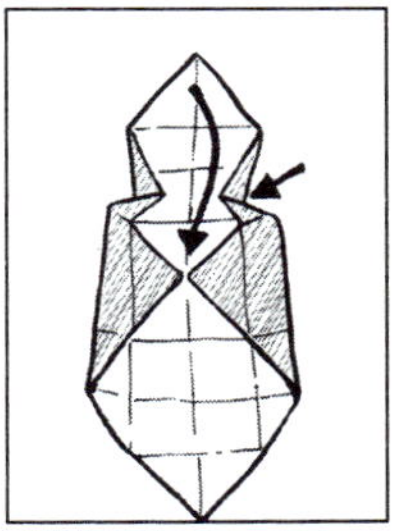

6 现在，将盒子两翼的边角翻转过来，并将它沿着两个反转的折线卷起来，制作盒子的第三个侧边。

7 重复步骤 5 和 6，制作盒子的第四个侧边。

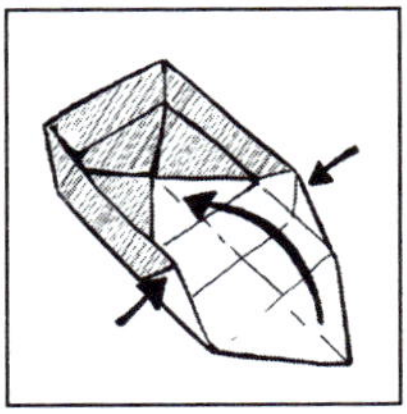

8 想要给你的盒子制作一个盒盖，拿一张正方形纸，比第一张纸的长度和宽度各长 0.5 厘米即可。

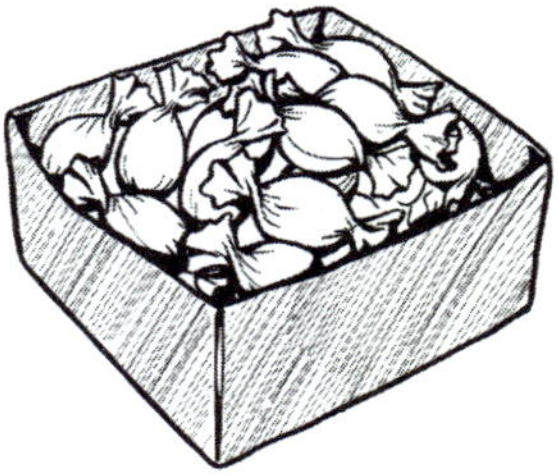

GOOD

强大建议： 这是一种回收利用贺卡的好方法。使用卡片的前面制作盒盖，使用卡片的背面制作盒底吧。

如何成为一名著名的女演员

你是否梦想着被喜爱你的粉丝们所环绕、乘坐私人飞机旅游，并且看到到处都张贴着你的巨大的海报呢？遵循下面列出的建议，也许你就可以以超级明星的身份生活啦。

- 在戏剧表演课上多花费些工夫。如果可以的话，参加户外表演课程培训吧。
- 尽最大可能地练习并参加学校监制和当地剧院团体参演的戏剧——你需要天分，但也需要有经验的人指导帮助。
- 为了开启你的事业生涯，试着从“业余演员”做起吧——这些人扮演不说话的角色并出现在电影和电视剧的幕后。做好随时接受分配给你任何角色的准备。
- 千万不要拒绝一场派对邀请：你永远不知道在派对上会遇到什么人——星探或者某位著名的导演。
- 给自己照一张露出头和肩膀的照片（这被称作“头部特写”）。列举出你在幕后的所有表演经历，诸如唱歌、跳伞、滑冰、武术或爱尔兰踢踏舞，也将你掌握的这些技能列出来——它们也许正是一位导演所寻找的。不要列出你没有掌握的技能，以防他们要求你证明一番。
- 你需要一位经纪人帮助你接下大角色以及处理在电影业中出现的所有财务和法律协商问题。将你的头部特写照片分发给尽可能多的经纪人。

- 搬到一座大城市中居住。如果你下定决心要成为一名好莱坞明星，你就必须搬到美国洛杉矶去啦。
- 练习让自己看起来充满迷人的魅力，并让一位朋友假装成你的助手——她应该不停地对着手机大喊大叫，并随身携带许多张看起来像电影脚本的纸。
- 人际交流至关重要。和导演、经纪人以及搭档的演员保持良好的关系，对他们要谦恭有礼。准时抵达拍摄地点并一直保持专业的态度。
- 练就一副厚脸皮。当你处在聚光灯下时，你会收到许多赞赏和无数的批判。试着忽视这些言论，除非这些言论出自你所信任的人之口。

如何知道你的生日花

一年里的每个月都有一朵特殊的花朵（或者有时候会出现两朵）。如果到了某位你关心的人的生日，为什么不赠送他一束生日花呢？你可以在生日花上系上一张卡片，在上面标明花朵所代表的含义。

月份	生日花	含义
1月	康乃馨或雪莲花	艰难时期的爱与友情
2月	紫罗兰或报春花	信任或爱
3月	水仙花	奉献
4月	雏菊或香豌豆花	纯洁或离别
5月	铃兰花或山楂树	甜蜜或希望
6月	玫瑰或金银花	爱
7月	飞燕草	欢笑
8月	剑兰	真挚
9月	紫苑	爱
10月	金盏花	幸福
11月	菊花	幸福和财富
12月	一品红	对未来的美好期望

如何避开鲨鱼的袭击

实际上你受到鲨鱼袭击的可能性很小。尽管被这种体形巨大、性情凶猛的捕猎者袭击的概率很小，但你还是要尽最大的可能减少这种风险。被鲨鱼生吞可不是你到海边度假的目的。

- 你可以根本不去海边游泳，来减少被鲨鱼袭击的风险。如果不得不去海边，你可以远离受鲨鱼袭击的热点海域，比如美国东部（尤其是佛罗里达），这里比世界上的其他地方更易于受到鲨鱼攻击。

- 留心收音机或电视中关于你所在水域出现鲨鱼的警告。
- 不要单独下海游泳，与一群游泳者相比，鲨鱼更易于袭击那些单独的游泳者。
- 如果你的泳衣是亮色或有强烈的对比色，更容易引起鲨鱼的注意——鲨鱼的视力不是很好，因此，它们更倾向于对突出显著的物品感兴趣。不要佩戴任何珠宝或闪亮的物品，鲨鱼有可能会将它错当成水中闪闪发光的鱼鳞。
- 避开水花四溅的水域，这可能会吸引鲨鱼的注意，因为那片水域中可能有陷入困境中的生物。
- 不要在黎明和黄昏，或夜晚时下海游泳——鲨鱼在这些时刻更易于猎食。
- 鲨鱼通常潜伏在沙堤和陡峭的地方：远离这些区域，或时刻留意水中是否有鱼鳍游向你所在的方向。
- 鲨鱼通常以它们在距离千里之外的水域探测出血液气息的能力而著称。如果你身体上有任何伤口，就不要下海游泳啦。
- 鲨鱼以小鱼和海产哺乳动物为食。不要进入那些易于潜伏着“咬人”生物的水域游泳——你可能会发现自己处于鲨鱼聚餐处的中心。潜水的海鸟是一种迹象，说明海水中有许多鱼饵。如果你看到人们在钓鱼，就是说明此种鱼饵生物就在这片海域附近。

如何提取指纹

你是否需要亲自在犯罪现场执行调查任务呢？指纹可以显示出谁曾经摸过饼干瓶，或谁曾经偷窥过你的私密日记本。

你需要用到以下物品：

- 一些细粉（滑石粉或可可粉都有不错的效果）。
- 一支画笔、一些透明胶带、一张卡片。

指纹取证

1 用下面描述的提取指纹技术提取指纹。从木纹状的表面，诸如木头桌面上提取指纹十分困难。因此，寻找那些在光滑、闪亮的表面上留下的指纹吧，例如镜面或玻璃表面。

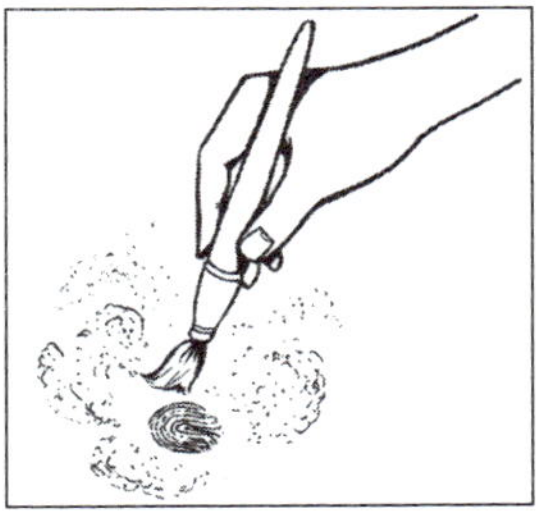

2 尽可能动作轻柔、平稳地用画笔在指纹表面上刷一些细粉。将多余的细粉吹掉。

3 如果你用细粉将指纹显示出来，选择最清晰的一个指纹。剪下一段胶带并用它将指纹覆盖住，沿着侧边有黏性的一面粘贴。在用胶带将指纹提取出来之前，先将胶带在指纹区域压平。

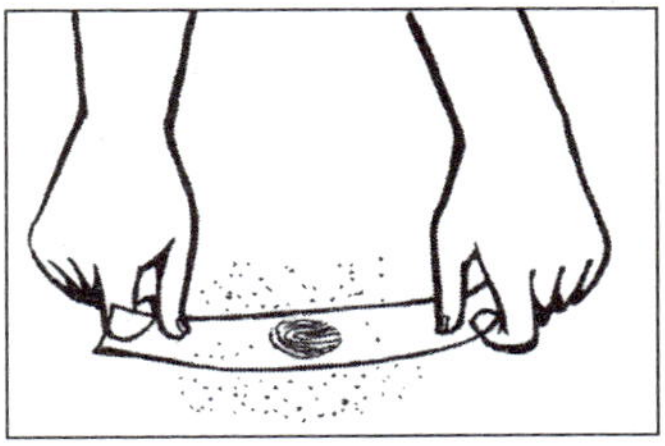

4 将印有指纹的胶带粘贴在卡片上。如果你使用的是可可粉，那就选择白色的卡片。如果你使用了滑石粉，就选择深色的卡片。

筛选嫌疑人

现在，你需要破解出你提取的指纹属于谁。这意味着你要提取所有嫌疑人的指纹。你需要准备一个加墨打印台和一些白纸。

让一位嫌疑人动作轻柔地将她的每根手指在打印台上按压，接着再将加墨的指纹按压到白纸上，这样指纹就不容易被弄脏啦。

当你收集齐每位嫌疑人的指纹后，用放大镜将他们的指纹和你提取的那个指纹进行比对。你能发现完全匹配的指纹并找到“罪犯”吗？

如何玩“袋子中有什么”游戏

“袋子中有什么”是一个令人毛骨悚然的游戏，在万圣节派对或幽灵派对上玩这个游戏再合适不过了。参加这个游戏不拘人数。

在你的宾客抵达之前，收集一些不透明塑胶袋（这意味着你无法看到袋子里面的东西），以及少量物品：去皮生胡萝卜、去皮葡萄、煮熟的意大利面、捣碎的香蕉、松软干酪和熟米饭。将每样食材单独放进一个袋子中。

在派对开始前玩这个游戏是个不错的主意，因为你准备的食材在新鲜时才能发挥最好的效用。当你的宾客抵达时，将他们聚集在一起。讲一个令人毛骨悚然的故事，营造出一个恐怖的场景。告诉他们，早些时候，当你路过墓地时，你注意到一位着装怪异的妇人坐在一个巨大的烹饪锅前。她在喃喃自语并不时将东西扔进锅里。你问她使用的是什么食材，她要求你猜测一番，但只能用手触摸，不准看。

告诉你的朋友们你拿到了一些袋子，袋子中装有妇人所使用的可怕食材。现在，轮到他们来辨识食材啦。让他们传递装有不同食材的袋子，告诉你的朋友用手去感觉，但不能向袋子里看噢。

他们极有可能猜不到每只袋子中装有什么食材，因此，你可以将下列令人毛骨悚然的食材告诉他们啦。

- 手指（胡萝卜）、眼球（葡萄）、蛆（米饭）。
- 蠕虫（意大利面）、蝙蝠的脑子（松软干酪）。
- 青蛙的内脏（捣碎的香蕉）。

如何建造一座纸牌屋

你是否在寻找能打发一个雨后下午时光的事情呢？你是否拥有足够的耐心以及一双灵巧的双手呢？为什么不建造一座纸牌屋呢？你所需要的只是一副扑克牌和一间可以自由活动的卧室。

建筑大师

1 找到一处不打滑的平坦表面——一块短毛绒地毯就是十分理想的地方。取一副旧纸牌——崭新的纸牌既闪亮又光滑，与旧纸牌相比，用新纸牌建造房屋更困难一些。

2 将两张牌搭建在一起，较短的边缘朝向上下方向一制作出一个倒置的 V 字形，看起来就像一顶帐篷。两张牌底边之间的宽度应该约等同于你中间三根手指的宽度。这两张牌就形成了整座纸牌屋的根基。

3 在第一个搭建的纸牌右边再搭建一个 V 字形纸牌。

4 将一张纸牌平放在两顶帐篷状纸牌的顶端，形成纸牌屋第二层的地板。

5 要建成一座迷你小房屋，在已建成的纸牌上方再搭建一顶帐篷。然而，想要做到尽善尽美的女孩子很有可能想要建造一座更大、更令人印象深刻的纸牌屋。要做到这一点，你需要添加三层纸牌，建造成如图所示的经典纸牌屋。

你需要足够的耐心，不要期望在第一次尝试时就成为建筑大师。

提醒： 任何有自尊心的纸牌屋建筑大师都不会作弊。这些纸牌之所以能搭建起来，一定是归功于你令人惊叹的平衡技巧，而不是由于你用胶带将它们粘贴在一起！

如何制作蝴蝶形状的蛋糕

这些小蛋糕制作起来十分简单，它们外形美观、味道可口，简直就是一场生日派对或通宵派对上的绝佳甜点。

你需要用到以下物品：

制作蛋糕

- 100 克黄油、100 克细白砂糖、两枚鸡蛋。
- 100 克自发面粉、1 茶勺香草香精、12 个蛋糕盒。

制作糖衣

- 50 克黄油、100 克糖霜。

可供选择的额外添加成分

- （装饰糕点用的）着色珠子糖、小块糖果。
- 裹有糖霜的花瓣、可食用小银球、食用色素。

你需要做的事情

1 将微波炉的温度预热到 190 摄氏度或煤气 5 度。

2 将奶油、黄油和糖混合在一起（这意味着要用木勺的背面拍打混合物），直到颜色变浅，混合物变得松软为止。这是一项费力的工作。

3 将两枚鸡蛋一起打碎在一只单独的碗中，接着动作轻柔地将它们和黄油、糖的混合物加以搅拌，每次只添加一点儿即可。

4 每次过滤一点儿面粉到混合物中，并搅拌均匀，确保你循序渐进地进行这项工作。

5 添加香草香精并加以搅拌。

6 将纸盒放置在杯形蛋糕模子里。

7 用勺子将混合物舀到纸盒中，填满一半的纸盒。你应该有足够的混合物来制作一打蛋糕。

8 烘焙 15—20 分钟，直到蛋糕呈现出金黄色（请一位成年人帮助你使用烤箱吧）。

9 当它们冷却至可以用手触摸时，将你烘焙的蛋糕从杯形蛋糕模子中取出来。将它们放置在铁丝架上完全冷却。

10 请一位成年人帮助你用一把尖利的小刀在每盒蛋糕顶端切下一个圆形。接着再将圆形部分的蛋糕切成一半。

11 想要制作糖衣，将黄油和糖霜混合在一起。将混合物撒在每盒蛋糕顶端切除圆形的空洞中。接着将切成两半的蛋糕顶端放进黄油和糖霜的混合物中，将圆形侧边朝向外面，这样它们看起来就像一对蝴蝶翅膀啦。

12 用你收集到的任意添加成分装饰你的蝴蝶形蛋糕吧。这简直太美妙啦！

GOOD

强大建议：为什么不在黄油和糖霜的混合物中添加一两滴食用色素，来为你制作的蝴蝶形蛋糕增添一些色彩呢？

如何美甲

每个女生都需要呵护自己的双手。下面介绍了如何自己制作令人惊叹的指甲，在特定的场合中你可以向他人展示一番噢。

你需要用到以下物品：

- 一只盛满漂着肥皂泡沫温水的小碗、一个指甲刷。
- 指甲钳、指甲锉、棉签、洗甲油、棉花球、牙签。
- 各种颜色的指甲油，包括透明色指甲油。

你需要做的事情

1 将你的手指浸泡在盛满肥皂泡沫的温水中 10 分钟，将指甲清洗干净并软化角质层（角质层是指从指甲底部生长出来的表层皮肤）。动作轻柔地用指甲刷刷洗指甲，接着将它们完全晾干。

2 用指甲钳将你的每一个指甲都修剪到相同的长度，接着用指甲锉除去尖锐的边缘。给每个指甲都修剪出相似的形状——选择介于正方形或椭圆形或“正方形椭圆形之间”的形状（这意味着指甲顶端要整齐，但要修剪成圆形的边缘）。在修剪指甲后，迅速冲洗你的指甲并再次将它们晾干。

3 现在，选择一瓶明亮色彩的指甲油——宝石红或浅莲红都有不错的效果。将一瓶指甲油放在你的手掌之间滚动，让指甲油变温——这更便于你涂抹指甲油。

4 用指甲刷蘸上少量指甲油，动作小心地将指甲刷在瓶内按压，除去多余的指甲油。首先，在你的指甲中间刷上一笔指甲油，接着，再用指甲刷在指甲两边刷上两笔来完成任务。熟能生巧，但你要记住你刷指甲油的笔画数越少越好。拿出洗甲油和一根棉签，准备随时洗去你在涂抹指甲油时犯的小错误。

5 当第一层指甲油完全晾干时，再涂抹第二层指甲油。

6 当第二层指甲油晾干时，取出一根牙签，将它浸泡在浅色指甲油中，和你已经涂抹在指甲上的指甲油形成对比色——白色或浅桃红的效果都不错。描画一个简单的图案设计，例如点缀七个小点的小花，或一个简单的心

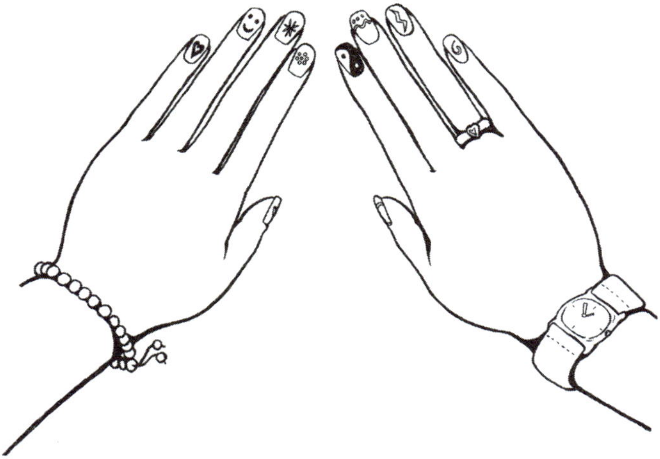

形。图中还列出了一些关于其他设计图案的建议。在美甲时，你需要保持双手稳定，还要有足够的练习（在你在指甲上尝试描画设计图案时，你可以先在纸上练习一番）。不断在牙签上蘸一些指甲油。

7 当你的指甲干透时，涂抹一层透明指甲油，让你的设计图案固定在指甲上吧。

GOOD **强大建议：**想要让你的指甲油干得更快一些，可以将你的手指放置在一只盛满冰水的碗中（在流水的水龙头下，是不起作用的），或者将吹风机的温度调至最低，加快指甲油晾干的速度。